The Juan Bautista de Anza - Fernando de Rivera y Moncada Letters of 1775-1776: Personalities in Conflict

By
Donald T. Garate

LOS CALIFORNIANOS

ANTEPASADOS XII

Publication of Los Californianos 2006

Antepasados XII

ISBN 0-9651592-4-8

For information about additional copies of *Antepasados XII*, contact
Los Californianos, Post Office Box 600522, San Diego, California 92160-0522.

Publications Committee:
Rudecinda Lo Buglio, Chairman; Mary Triplett Ayers; Maurice and Marcy
Bandy; Lance D. Beeson; Jane Stokes Cowgill; Donald T. Garate;
Boyd Ellis de Larios; Greg P. Smestad, Ph.D.; and Phil Valdez, Jr.

Printed in the United States of America
by
Vanard Lithographers
Post Office Box 87884
San Diego, CA 92138

DEDICATION

Maurice "Duke" Bandy

A descendant of those who came with Rivera, no one could ever portray him better than you.
A lieutenant colonel yourself, no one could better understand the conflict between him and Anza.
A true historian and researcher, no one could better offer suggestions and edit this work than you.
We followed the Anza - and the Rivera - route through Sinaloa, Sonora, Arizona, and California.
We rode the Anza trail in Colorado by the light of the full moon - you on a horse, me on a mule.
We portrayed Anza and Rivera for school children and others in California, Arizona, and Sonora.
Thank you for your friendship.   DTG

EDITORIAL NOTE

This is the fifth volume of *Antepasados* for which Donald T. Garate has transcribed and translated various Spanish language archival materials for us, for which we are extremely grateful as always.

The Committee who worked together to bring this volume to fruition is listed on page *ii*. We are deeply appreciative of the hours of work which went into developing these documents into a word picture of the stress these two great military figures endured trying to do what everyone wanted and/or ordered. In addition, it definitely adds to our knowledge of the Second Anza Expedition, which began for us with our publication of *Antepasados VIII* in 1995.

The first references to the discovery of the Anza-Rivera letters (which eventually became simply A-R, as they came to be referred to by the Committee) appeared on the Internet in 2004. References to the letters—and excerpts from them—appeared in the July 2004 Internet publication *Somos Primos*, in an article by Phil Valdez, Jr., who found them at The Bancroft Library. They were followed by more in the same publication in January and March 2005. Another letter was published in the July 2004 issue of *Noticias de Anza* in an article by Dr. Greg Bernal-Mendoza Smestad. Don Garate has more fully explained how the letters came to light, and how the whole Committee worked together to develop them into this issue of *Antepasados* in his "Preface." In addition to the Publications Committee, we wish to thank all the others who helped along the way, and without whom this volume would not be what it is. Some of those people include José Pantoja, Vladimir Guerrero, and Michael Hardwick, as well as The Bancroft Library, particularly Theresa Salazar, Curator of the Bancroft Collection of Western Americana and Susan Snyder, Head of Public Services of The Bancroft Library, for their cooperation in granting permission for us to use the documents from the archives of the Library. There are several repositories of valuable California history throughout our state, but none is as generous as The Bancroft Library to organizations such as ours, and we are grateful and appreciative.

Also we wish to thank Vanard Lithographers for the tremendous work they have done with each and every issue of *Antepasados* they have printed for us, as well as the printing of our quarterly newsletter, *Noticias para Los Californianos*. We are especially indebted to Van Fritzenkotter of Vanard Lithographers for ensuring that everything is always done exactly and completely as we have directed.

Muchísimas gracias á todos
Rudecinda Lo Buglio, Publications Chairman

CONTENTS

PREFACE

After eight years, here is another volume of documents relative to the Juan Bautista de Anza Expedition of 1775-1776. This correspondence was written between Captain Anza and the military commander of Alta California, Fernando de Rivera y Moncada. It also includes two of Rivera's reports to the viceroy, one concerning the Indian uprising at San Diego and the other his and Anza´s ongoing quarrel over various procedural matters. It is taken from letters found in four different files of documents located in the archives of The Bancroft Library at the University of California in Berkeley:

1. C-A 368: 16A   Fernando de Rivera y Moncada's report to Viceroy Antonio María Bucareli y Ursúa; written in Rivera's hand and signed by him; purchased from the Dawson's Bookshop in 1976; included herein as "Rivera No. 9."

2. C-A 368: 17   Fifteen of Juan Bautista de Anza's letters to Fernando de Rivera y Moncada; written by an unnamed scribe and signed by Anza; from the Cowan Collection; included herein as "Anza Nos. 1-6 and 9-17."

3. C-A 368: 18   Report of the livestock and equipment being left by the Expedition at San Diego and San Gabriel; written by an unknown scribe and signed jointly by Juan Bautista de Anza and Fernando de Rivera y Moncada; from the Cowan Collection; included herein as "Anza and Rivera Joint Report."

4. C-A 368: 19   Copies of letters between Anza and Rivera compiled into one *expediente*, or collection of papers; purchased from Dawson's Bookshop in 1951; included herein as "Rivera Nos. 1-8 and 10-12" and Anza Nos. 7 and 8." These are all in the hand of an unnamed scribe with the exception of "Anza No.8," which was copied by Rivera, himself.

Because of the difficulty in separating the letters in the *expediente*, where each copy begins immediately following the preceding letter on each page, the facsimiles of the foregoing documents are included in the back of the book in the order listed above. However, since the letters are scattered throughout the four different files in the archive, each letter has been assigned a number, first according to the date it was written, and secondly, according to the order it was written if several were written on the same day. The transcriptions and translations appear in that order, so that the reader can follow the dispute chronologically.

From this correspondence we learn a variety of new information that has not been published previously. There are several names of Indians, soldiers, settlers, and mule packers that we have not had previously. Unfortunately, some of them are only first or last names, but even those add to our overall knowledge of the people on the expedition and may give some future researcher the key that is needed to determine who they were, where they were from, and a more complete picture of how they fit into the grander scheme of things.

We learn a number of details about the workings of the expedition and its establishment of San Francisco. For example, the transporting of shovels, axes and crowbars and the building of forms for making adobes are discussed. We learn about the allotment of livestock intended for each family, and for the first time get a breakdown of numbers of mules intended for three distinct uses – packing, pulling, or riding.

These letters also conclusively dispel the popular myth that the soldiers rode only stallions (or only horses for that matter). Captain Rivera speaks several times of the mule he was riding, and the inventory of riding animals being left behind by the expedition clearly accounts for the mules that were meant for the soldiers to ride. In fact, what appears to be the very beginning of the controversy between Anza and Rivera came when Anza wanted to mount the soldiers on the San Diego mules to pursue the rebel Indians. Rivera did not want to because they were in a herd with the newly foaled brood mares and he did not want to separate them. Interpretation of this is covered in the appendix.

There is much new information and fascinating reading in this compilation of letters written between these two dynamic historic figures. The volume is brought to you through the courtesy of Phil Valdez, Jr. and Los Californianos, and the persistence of Dr. Greg Smestad. It all came about because Phil, in his eternal quest to find all information and documents relative to the Anza Expeditions, located the letters between Anza and Rivera in the archive at The Bancroft. He purchased microfilm of them and shared it with Greg. Greg then approached me about translating one of them for the *Noticias de Anza*, a publication of the Juan Bautista de Anza National Historic Trail. That being a short project, I agreed to do it. Then, however, a few months later, he approached me about transcribing and translating them all. I declined to do so, but Greg is very persistent and kept trying to persuade me until I finally agreed to do it, if Los Californianos wanted to publish them in their entirety as a third volume of Anza correspondence. Greg arranged that with the Los Californianos Publications Committee. Phil supplied the microfilm for my use and for the printing of the facsimiles included herein, and we went to work. After the transcriptions and the translations were completed, the Publications Committee edited them with a fine tooth comb to keep everything as correct as possible.

Now, after more than a year, you have the final product, which, hopefully, you will find interesting. While it does not contain all of the correspondence between Anza and Rivera, we now have twenty-eight more letters between them than we had before this work was published, giving us a better understanding of the animosity between the two men. Lest anyone think we now fully understand their dispute, however, the reader is admonished to take note of all the missing letters that are referred to in this work. There are seven mentioned in the text and pointed out in the footnotes. Secondly, even if we one day find all of those, and others that are not named herein, we will still be missing what is probably the most important key to understanding this controversy – the actual verbal conversations that took place between the two men.

What was said that started the whole ugly mess between them? The letters do not start to show signs of animosity until the first part of April, but we know that they disagreed long before that. When did they first start to get on each other's nerves? Again, even though the earliest letters do not reflect it, we know from the later letters and the diaries that the controversy started at least as early as January over differences of opinions as to how the campaign against the uprising at San Diego should be handled. Furthermore, it could have started as far back as the 1774 expedition when Rivera did not answer the letter that Anza left for him at San Gabriel. There is evidence that could have been the case in the letters included herein entitled Rivera No.1 and Anza No.7. It seems obvious that Rivera was feeling guilty about it and, even though Anza was very cordial in his brushing it off as something trivial, we have no way of knowing but what he had been stewing over it for a year. The only thing that is obvious is that once the animosity started to show, it rapidly grew until it was being poorly controlled and concealed by both of them.

While their personalities were obviously in conflict, and their methods of handling situations differed, there was also the problem of military rank. Anza was younger with less time in the Royal Service than Rivera, yet he outranked him. It becomes obvious as you read these letters that, at times at least, Anza was "pulling rank." To Rivera he must have seemed to be an upstart outsider, coming in with no knowledge of Alta California and trying to take control.

The truly wonderful thing is that as the letter writing progressed, it evolved from the typical, straight-forward, dry, factual military accounting into emotion-packed, personal attacks on each other. While that is not the substance of which we want our heroes to be made, it gives more insight into their personalities than all the rest of their stiff military reports combined. For those who have drawn up sides in the controversy, they will find all the ammunition they need to support their favorite of the two men and condemn the other. Others, who have thought that one or the other of the two, and especially Anza, could do no wrong, will possibly be disappointed in the childish way that both men acted, or reacted, by times. On the other hand, for those whose heroes actually become greater when it is learned that they were not immortal, but were truly human just like the rest of us, this volume will provide essential reading. Both Anza and Rivera seem to be reduced to the lowest denominator in their otherwise illustrious careers and they suddenly become very human. But humans, sometimes performing under extreme trials and pressures, do great and marvelous things, in spite of their mistakes. These two were certainly no exception and, in reality, were among the greatest in this corner of the world.

Donald T. Garate
Tumacácori, Arizona

The
Letters

Anza Núm. 1

28 de diciembre de 1775

(folio 1)

N.º 74

Mui S.ʳ mio: Con
motivo de dar à Vm. los anteriores Avissos, me
parece añadirle q.ᵉ à la Tropa que condusgo p.ª
entregarla en el Press.º de Monterrey, y hé
reclutado en las Prov.ˢ de la Governacion de
Sonora les hé ministrado las Ropas, Ar-
mas, y otros necessarios que les concedio el
Ex.ᵐᵒ S.ᵒʳ Virrey, y tres messes ò poco mas
del Sueldo q.ᵉ deven gosar, pero como los
mas tienen ia de servicio ocho messes, se
les han destruhido, y acabado en ellos el Bes
        (folio 1v)
tuario que se les dio: p.ʳ cuia cauza, y el de
la estacion tan cruda necessitan de reparo, y à este efecto tengo p.ʳ oportuno el dar
à Vm. esta noticia, p.ª q.ᵉ sino pulssa im
combeniente les embie al encuentro
alguna provicion de Ropa interior, que
es de la q.ᵉ verdaderam.ᵗᵉ estan necessitados
hombres, Mugeres, y Niños: pues con la ex
terior, a execcion de algunas fressadas, pueden tirar h.ª ai.

        Entre las familias q.ᵉ llevo va agrega
da la muger, è hijos del soldado de esse Pres-
sidio Duarte quien me pidio desde el R.ˡ
de los Alamos le hiciese el bien de condu-
cirla à el lado de Su marido, aquien se
        (folio 2)
servira Vm. darle esta noticia p.ª q.ᵉ le embie, (si
puede ser) socorro de Bestias; y lo demas q.ᵉ le
paresca.

        Ntrõ. S.ᵒʳ gue.ª Vm. m.ˢ a.ˢ   El campa
m.ᵗᵒ de dha Exped.ᵒⁿ en el P.ᵗᵒ de S.ⁿ Carlos y Diziembre
28 de 1775.

        Blm.º de Vm. su mas seg.º serv.ᵒʳ
                Juan Bap.ᵗᵃ de Anza (rúbrica)

S.ᵒʳ D.ⁿ Fernando
de Rivera, y Moncada

Anza No. 1

December 28, 1775

Bancroft Library, Berkeley, California; C-A 368: 17; Anza, Juan
Bautista de, 1735-1788: Letters to Fernando de Rivera y Moncada,
folios 1-2

(folio 1)

My Dear Sir:

On the occasion of sending Your Honor the foregoing notices, it occurred to me to add that the troop, which I am conducting to be transferred to the Presidio of Monterey, that I recruited in the provinces under the government of Sonora, has been furnished with the clothing, arms, and other necessities granted by the Most Excellent Lord Viceroy, and a little more than three months wages for their payment. However, since they now have been in the service for eight months the clothing they were given has been destroyed

(folio 1v)

and worn out. Because of that, and because the season is so raw, they are in need of reparation. Therefore, I have taken this opportunity to give Your Honor this notice that, if you do not feel it is inconvenient, you might send someone to find a provision of underclothing. That is truly what is needed by all the men, women and children. Of course, they will be able to continue with their outer clothing and the use of some blankets until they get there.

Among the families I am leading there is included the wife and children of Duarte, a soldier of that presidio. She asked me while at the Royal Mining Camp of Alamos if I could do her the favor of transporting her to the side of her husband, who

(folio 2)

serves Your Honor. I am sending this notice that relief might be sent (if it can be) in the form of animals and what ever else seems appropriate.

Our Lord keep Your Honor many years. In the encampment of the said expedition at San Carlos Pass, December 28, 1775.

Your most certain servant kisses the hand of Your Honor.

Juan Bautista de Anza (rubric)

To Señor Don Fernando de Rivera y Moncada

Anza Núm. 2
28 de diciembre de 1775

Bancroft Library, Berkeley, California; C-A 368: 17; Anza, Juan Bautista de, 1735-1788: Cartas a Fernando de Rivera y Moncada, folios 3-5v

(folio 3)

Mui Sr Mio. Supo-
niendo á Vm. noticiosso de la Exped.^{on} q.^e segunda
vez ha puesto a mi encargo el Exmo Sor Virrey, p.^a
conducir treinta soldados con sus respectivas fa-
milias al refuersso de los N. Establessim.^{tos} del
mando de Vm. no escuso el participarcelo
con la antelacion q.^e me es posible recervan-
do en mi poder h.^a otra ocacion mas segura
en q.^e se la remitire los Pliegos relativos, á este
asumpto, y al reconosim.^{to} q.^e hemos de hacer
del Rio de S.ⁿ Fran.^{co}

Con la expressada Exp.^{on} de mi man-
(folio 3v)
do, sali afines de sep.^e ultimo anterior del
Press.^o de Horcassitas, y desde q.^e emprehendi
su marcha, comensaron los atrassos de ella
tanto, p.^r las repetidas Enfermedades de sus
Yndividuos, como p.^r otras ocurrencias inrre-
mediables ya puesto en ella, las q.^e previstas
p.^r Su Ex.ª dexo ami arvitrio el salir, á
qualquiera de los N. Establessim.^{tos} p.^a poderme reparar en ellos.

Lo dho. anterior há caussado, elque
hoi no me halle, en esse Press.^o de su cargo
y sin esperanza de verificarlo h.^a fines
de hen.^o proximo ocurr.^{te} sirecivo atpô
oportuno, los auxilios q.^e expressaré á Vm.
y tambien pido p.^a mas abreviar á sus su
balternos en las miciones, como tambien
(folio 4)
á sus P.P.M.M. atento aq.^e voi falto de ellos
p.^r la incinuada a demora, y otros fatales osta-
culos ami, inrreparables.

Mas si en los dhos auxilios, q.^e seredu-
cen á viveres, y Caballerias p.^a transporte
de la Tropa de S.ⁿ Gabriel á Monterrei, conoci-
ere Vm. q.^e p.^r su falta rezulte maior rettardo
que el q.^e Yo regulo, y q.^e de el se siga elq.^e el Com.^{te}
del Paquebot q.^e nos deve acompañar al indica-

Anza No. 2

December 28, 1775

Bancroft Library, Berkeley, California; C-A 368: 17; Anza, Juan Bautista de, 1735-1788: Letters to Fernando de Rivera y Moncada, folios 3-5v

(folio 3)

My Dear Sir:

In the supposition that Your Honor has been notified of the expedition that the Most Excellent Lord Viceroy has placed in my charge for the second time, to conduct thirty soldiers with their respective families to reinforce the new establishments under command of Your Honor. I do not apologize in announcing it with what little advance notice is possible for me, reserving in my power, for a more certain time, the remittance of the papers relative to this subject and the reconnaissance that we have to make of the San Francisco River.

With the said expedition under my command I left the Presidio of Horcasitas

(folio 3v)

at the end of last September. From the time I began the march, setbacks began to beset it because of the repeated illnesses of its individuals, as well as other irremediable occurrences already placed upon them. Because this was foreseen by His Excellency, he left it to my judgment to go to whichever of the new establishments where I would be able to revive them.

The aforementioned setbacks have caused me not to be at the presidio of your command today and I am without hope of arriving there until the end of this coming January. When the time is right I will ask Your Honor for help and also, for a shorter time, the use of your subalterns in the missions, as also

(folio 4)

their father missionaries, considering I am traveling without them due to the aforementioned delay and other dreadful obstacles that have been irreparable for me.

Moreover, concerning the said help, which amounts to provisions and horses to transport the troop from San Gabriel to Monterey, Your Honor will know that lack of the same has resulted in a major delay over which I had no control, and it followed that the commander of the packet boat that was supposed to accompany us on the indicated

do reconossim.^{to} del Rio de S.ⁿ Fran.^{co} no pueda esperar atanto; en este casso meparece
lo mexor p.^a q.^e no se fustre su concurrencia
el q.^e Vm. se sirva comunicarmelo, con la vre-
vedad posible, á fin de q.^e con la misma arrivo
Yo á esse Press.^o dejando al cargo del Alf.^z D.ⁿ

(folio 4v)

Josef Joachin Moraga q.^e me acompaña la con-
ducion delo mas demi Exp.^{on} pues de S.ⁿ Gabriel p.^a
adelante, no hai las atenciones q.^e h.^a á el.

En dha Micion dejaré el Ganado Bacuno
q.^e sobrare despues de thomadas las Reces precisas
p.^a manutencion de la Tropa, y viene tambien
destinado p.^a socorro de los N. Establession.^{tos} elq.^e
puede reducirse ápoco mas de cien Cavezas; res-
pecto aque aunque devian ser Doscientas,
hé tenido en ellas perdidas cressidas, aconte-
ssiendo lopropio con las Caballares, y mulares
                                    como
y p.^r no exprimentarlas en el todo, y̶ p.^r lo demas
referido hé rezuelto salir a la enunciada
Micion p.^a q.^e uno y otro sepueda reparar
en cuio concepto soi de sentr q.^e Vm. me ha-
vise, ó lo execute al Comand.^{te} de la misma

(folio 5)

Micion del tpô. enq.^e pueda seguir p.^a adelante.

A este Comand.^{te} y al P.^e ministro
de ella, pido me embien al encuentro las
Caballerias q.^e puedan remitirme, y lo propio
executo con las succesivas, añadiendoles que
de la primera á la ultima me franquen los
viveres necessarios, lo q.^e servira a Vm. de avi-
sso p.^a su govierno, y que en este particular
hobraré p.^r mi, mientras recivan los propios
Comandant.^s y P.P.M.M. su respectivas
orden.^s q.^e no dudo sean como propias de
su selo, y qual conducen á que esta Tropa
siga con el contento que h.^a aqui: por cuia
razon no dudo tenga Vm. abien lo por
mi dispuesto, como obligado de la necessidad

(folio 5v)

llegando esta, al extremo de solo quedarme
comestibles p.^a de aqui al dia ocho, ó nueve del
                                              por
mes, y año ocurr.^{te} sin embargo de que ^ la
superioridad, no seme regularon p.^a tantos.

reconnaissance of the San Francisco River could not wait that long. In this case, so as to not frustrate its completion, it appears better to me that it would serve Your Honor well to communicate with me with the greatest brevity possible, to the end that I will arrive at that presidio with the same communication, leaving Alférez Don

(folio 4v)

José Joaquín Moraga,[1] who has accompanied me on most of my expedition, in charge of the expedition. Indeed, from San Gabriel forward there will not be the need for the same attention as there was before.

I will leave the remainder of the beef cattle at the said mission that are left over after the number needed for the maintenance of the troop have been cut out. Those destined for the succor of the new establishments will also come with the expedition. They can be reduced to a little more than a hundred head. With respect to that, there should be two hundred but I have had growing losses among them. The same has been typical of the saddle mounts and pack mules, and so that I do not lose everything as with the aforementioned, I have resolved to leave for the said mission so that one and the other can be salvaged. In light of this, I am of the opinion that Your Honor should inform me, or instruct the commander at the same

(folio 5)

mission, as to the time that he can proceed.

I ask that this commander and the father minister of the same send the horses that they can spare to meet me, and that they do the same for successive requests, adding that they should charge the necessary supplies to me, from the first to the last. This will serve to advise Your Honor for your administration and, in this instance, it will work for me until the individual commanders and father missionaries receive their respective orders, which I do not doubt they will fulfill commensurate with their zeal and so conduct themselves that this troop will be brought forward with the same satisfaction that has been had up to now. For the same reason, in obligation to necessity, I do not doubt that Your Honor will have good intentions for my well-being when this

(folio 5v)

arrives and, at most, will only need to provide me with foodstuffs from now until the eighth or ninth of the coming month and year, notwithstanding that the superior government did not make adjustments for everything.

---

[1] Moraga left Sonora as a second lieutenant (alférez) and was promoted to full lieutenant in California

Ntro Señor gûe á Vm. m.^s a.^s
Acampam.^{to} de dha Exp.^{on} en el Puertto de S.ⁿ Car
los y Diziembre 28" de 1775"
   Blm.^o de Vm su mas seg.^o ser.^{or}
   Juan Bap.^{ta} de Anza (rúbrica)
P.D.
Seme paso expresar âVm
q.^e tambien deloq.^e mas falto
va la Tropa es de Javon y
calsado como q.^e si ai el
primero enlas Misiones
del trancito lo pedire p.^a
socorrerlos enlo presiso.
   (rúbrica de Anza)

Sor D.ⁿ Fernando
de Rivera, y Moncada

Our Lord keep Your Honor many years. Encampment of the said expedition at San Carlos Pass, December 28, 1775.

Your most certain servant kisses the hand of Your Honor.

Juan Bautista de Anza (rubric)

P.S.

I am also going to tell Your Honor that what the troop has been lacking most is soap and footwear. Therefore, if the first item is available in the missions that I pass in transit, I will be asking that this necessary item be supplied to us. (Anza's rubric)

To Señor Don Fernando de Rivera y Moncada

Anza Núm. 3

20 de febrero de 1776

Bancroft Library, Berkeley, California; C-A 368: 17; Anza, Juan Bautista de,
1735-1788: Cartas a Fernando de Rivera y Moncada, folios 7-9

(folio 7)

Mui Sr Mio: Por todas partes nos
circundan las Novedades, y cuidados, motivos p.^a
que no haiga despachado la Recua, y Soldados en
que quedamos combenidos, y es el casso: que el dia
14" del press.^te enque arrive á esta micion, halle en
el, la ocurrencia deque la noche anterior se decerto el soldado Yepis de esta Escolta (aquien tocava estar de Caballada) y tres Harr.^s demi Exp.^on
y un sirviento del sarg.^to de ella: los que para su
intento robaron de la misma Exp.^on los efectos q.^e
estavan ásu cargo, como Tabaco, Pinol, Abalorio, Chocolate, una escopeta de la escolta, y otras
cossas de poca monta de los Soldados mios: y lo q.^e
es mas sencible como veinte, y sinco Bestias
de la misma Micion, y escolta.

Aunq.^e este sucesso se supo á la media noche
no pudo salir el Th.^e Moraga h.^a otro dia á las

(folio7v)

diez, quien salio empeñado deseguirlos dos dias
con sus noches; pero p.^r su tardansa h.^a el press.^te y p.^r
dos soldados q.^e volvio de serca del valle de Sn Josse,
infiero q.^e los seguira, h.^a el Rio Colorado, lo que
sí assi egecuta, no dudo consiga aprehenderlos, y
que tarde dias p.^a regressarse p.^r cuio motivo y los
demas q.^e me exigen a salir de aqui hé resueltto
dexarle Êscolta p.^aque me vaia alcanzar á la ligera, y a Vm. comunicarle abisso detodo lo que
me há paressido rezolver p.^aq.^e de nada esté ignorante; y segun ello thome p.^r hai las providen
cias q.^e le combengan.

El dia de mañana salgo p.^a Monterrei con
los mas Yndividuos demi Exp.^on dexando en
esta doze Soldados con sus fam.^s á cargo del
Sarg.^to de los cuales andan cuatro con el Th.^e
aq.^n tambien acompañan el Cavo Carrillo,
y otro Soldado de esta Escolta. De la misma
van con la Recua Lopez con otros dos: ácuia
numero agrego sinco demi Exp.^on para q.^e
todos conduscan el Atajo de veinte, y sinco

Anza No. 3

February 20, 1776

Bancroft Library, Berkeley, California; C-A 368: 17; Anza, Juan Bautista de, 1735-1788: Letters to Fernando de Rivera y Moncada, folios 7-9

(folio 7)

My Dear Sir:

We are surrounded on all sides by troubles and cares, which is the reason why I have not dispatched the pack string and the soldiers we agreed upon. It happened that on the fourteenth of this month when I arrived at this mission, I found that on the previous night the soldier, Yepis, of this guard (who had gone to be with the horse herd) had deserted along with three mule packers from my expedition and a servant of the sergeant of the same. As they had plotted, they stole the effects of which they were in charge from the same expedition -- namely tobacco, pinole, beads, chocolate, a musket belonging to the guard, and other things of little value to my soldiers. And what was felt more, they took twenty-five saddle animals of the same mission and its guard.

Although this incident was known at midnight, Lieutenant Moraga could not leave until the next day at

(folio 7v)

ten o'clock. He left planning to follow them for a couple of days and nights. However, by his absence until the present time, and by word of two soldiers who returned from near the San José Valley, it is inferred that he will follow them to the Colorado River. If he does so, I have no doubt he will succeed in apprehending them, which will take days. For that reason, and for the others that require me to leave here, I have resolved to leave an escort so that he might overtake me quickly. I advise Your Honor of all that I have decided to do so that you will not be ignorant of anything and so you can take the measures that were agreed upon.

I leave tomorrow for Monterey with most of the individuals of my expedition, leaving twelve soldiers here with their families under command of the sergeant.[2] Of that number, four are with the lieutenant, who is also accompanied by Corporal Carrillo and another soldier of this guard. López and two others are also with him, in charge of the pack string. Of their number, five were attached to my expedition so they could all manage the string of twenty-five

mulas, y cuatro Harr.ˢ que remito á Vm.

---

[2] Juan Pablo Grijalva

de quien es sobressaliente Josse Ygn.º Mariñas quien conduse diez, y seis, y media carg.ˢ de
Guangoche q.ᵉ son las mismas que de hai se traxeron.

Esta micion queda resguardada (p.ʳ lo press.ᵗᵉ)
con el Sarg.ᵗᵒ y sinco Soldados, y amas de estos tres
que dexo p.ᵃq.ᵉ acompañen al Th.ᵉ Moraga assig.ᵉ
se regrese: acuio total quedan comestibles de mais
y frijol p.ᵃ veinte, y tres dias: cuia especie p.ᵃ elmis-
mo tiempo llevo Yo.

Con el motivo de la seguida que hace el Th.ᵉ de
los Decertores nos hemos dessaviado todos, y es
el que caussa el no remitir á Vm. (como havia
quedado) algunos Caballos; pero en consideracion
al dessavio enq.ᵉ graduo quedará esta escolta, ten-
dre press.ᵗᵉ el volver las q.ᵉ sean dabbles de Montrrey
si Moraga me alcanza con la Noticia deque
no pudo quitar las robadas á los Decertores.

En el mencionado Press.º pondré en practica
todos los encargues de Vm. contenidos en su ultima
carta; y p.ᵃ el efecto de las Plassas q.ᵉ se hande rem-
plazar; llevo ia á dos sugetos alproposito: y regulan-

do necessite Vm. de prover alguna otra hai, ó aqui si
no coxen al Decertor, ácompaña á la Recua un tal vega, q.ᵉ ia otra ocassion ha tomado partido, y va há aver
si le complase á Vm.

Dexo prevenido al enunciado Moraga dé á Vm. noticia delo q.ᵉ haia practicado en su salida con otra
prevenciones propias del sucesso.

Sin embargo deque en el, no se incluyen ningun Yndividuo delos q.ᵉ vienen aquedarse en estos
Establessim.ᵗᵒˢ no hé querido fiarme de esta fir-
messa; y p.ʳ tanto, y no exponernos á peor lanze
tengo p.ʳ combeniente el marchar con lo mas
la Gente, que aunq.ᵉ no hai en ellas aperien-
cias de decercion, si la hai en su disgusto exp-
cialmente por lo que se les ha minorado la
rasion, y el Soldado nunca conose que en
muchos cassos, esto es indispensable.

El Ganado Bacuno se há restablessi-
do de modo que puede seguir para arriva
á ecepssion de unas pocas, las que dexo al
Sarg.ᵗᵒ p.ᵃ no malograr las crias.

mules. I am sending four mule packers to Your Honor
(folio 8)
of whom the best is José Ignacio Mariñas. He will be bringing sixteen and a half loads of packing cloth, which are the same as he has brought this far.

This mission remains guarded (for the present) by the sergeant and five soldiers. Beyond that number I am leaving three to accompany Lieutenant Moraga as soon as he returns. There are provisions of corn and beans for all of them to last twenty-three days. I am taking enough of the same type of provisions to last the same amount of time.

We have all been thrown off course because of the chase that the lieutenant is making in pursuit of the deserters. It is because of that incident that I am not sending Your Honor (as we had planned) any horses.[3] However, in consideration of the disturbance in which we find ourselves, this guard will remain here. I will bear in mind the return of that which should possibly go to Monterey if Moraga catches me with news that he was unable to retrieve what the deserters stole.

At the said presidio I will be able to put into effect all of the requests that are contained in the last letter from Your Honor. As affects the troops, who will be replaced, I already have two individuals for that purpose. I am leaving it to Your Honor to
(folio 8v)
do whatever is necessary to provide another from there, or here, if they do not catch the deserters. The pack train will be accompanied by one Vega, who, on another occasion has enlisted and can do it if it pleases Your Honor.

I remain confident that the said Moraga will give notice to Your Honor of what he has done on his sortie, with other advice specific to the incident.

Notwithstanding that none of the individuals who came here to remain in these establishments are included with him, it is because I have not wanted to trust in our stability nor expose us to a worse occurrence. I feel it is advantageous to travel with most of the people, even though there is no tendency toward desertion in them. If it is there, especially in its conception, this will diminish the reason for it, and the soldier never knows that in many cases this is indispensable.

The beef cattle have recuperated such that they will be able to continue to our destination, with the exception of a few, which I am leaving with the sergeant so that their calves will not suffer.

---

[3] See Rivera Letter #2, paragraph 13 and Anza Letter #8, folio 24v, answers to Rivera's pragraphs "11 and 13"

Tambien me há paressido avissar
(folio 9)
á Vm. que el mais que há suministrado el R.
P. Paterna aciende á cuarenta y Nueva faneg.^{s} y
seis almudes.

Ntro Señor gue á Vm. m.^{s} a.^{s} Sn Gabriel, y
febrero 20"de 1776"

Blm.^{o} de Vm. su m.^{s} â.^{fto} seg.^{o} s.^{or}

Juan Bap.^{ta} de Anza (rúbrica)

P.D.
Llevo de âqui âl solda
do Sotelo y dexo otro
mio ensu lugar

Sor Dn Fernando de
Rivera, y Moncada

It has also occurred to me to advise

(folio 9)

Your Honor that the corn that has been furnished by the Reverend Father Paterna amounts to more than forty-nine *fanegas* and six *almudes*.

Our Lord keep Your Honor many years. San Gabriel, February 20, 1776.

Your most devoted and certain servant kisses the hand of your Honor.

Juan Bautista de Anza (rubric)

P.S.
I am taking the soldier, Sotelo,
from here and leaving another
one of my soldiers in his place.

To Señor Don Fernando
de Rivera y Moncada

Anza Núm. 4

13 de marzo de 1776

Bancroft Library, Berkeley, California; C-A 368: 17; Anza, Juan Bautista de,
1735-1788: Cartas a Fernando de Rivera y Moncada, folios 10-11v

(folio 10)

Mui S.^{or} mio. el dia 10" del actual llegue con
toda felicidad al Press.^{o} de Monterrei en diez, y siette
Jornadas, sin haver tenido mas contra tiempo
q.^{e} una corta llubia, acaessida en el mismo dia que
llegue.

Ymmediatam.^{te} q.^{e} lo efectué di la providencia deq.^{e} al siguiente dia se fuese abarracando nrâ Nueva Tropa
y familias; pero como desta providencia, y de estar entendidos q.^{e} no passan tan prontos como dessean, â
su principal, y ultimo destino, se les há originado gran pessar, y disgusto. Me há paresido participarselo â Vm. con, el fin deque se les complas-
ca, haciendo al propio tiempo el mexor servicio
al Rey, y tambien cumpliendo en la parte que
se pueda los estrechos ordenes, y encargues de Su
Ex.ª á fin dethomar possecion del P.^{to} de San
Francisco, en lo que Yo tambien me regossija-
ré, y mucho mas pudiendo decir ami vista
á Su Ex.ª queda ia ocupado (quando no con

(folio10v)

toda) conla maior parte de ella.

Porque esto assi se verifique (sin tratar enla
press.^{te} delas miciones que le deven acompañar)
selo suplico áVm en mi nombre, y de la predha
Exp.^{on} estando cierto deq.^{e} en ello, todos tendremos
el conzuelo que apetecemos, en ver en la maior
parte efectuadas las ord.^{s} de nrâ Superioridad
p.^{a} lo q.^{e} ofresco á Vm. (sin embargo delo que le consta p.^{r} mi dicho lo estrechado del tiempo que me
queda para regresarme á Mexico) elq.^{e} despues
que me buelva del primer reconocim.^{to} que voi á
hacer del mencionado Puertto á que saldré dentro de cinco dias, bolveré si lo tiene p.^{r} combeniente há conducir á su destino nrâ mencionada
Tropa, que alli deve establecerse: enlo que, combe-
niendo Vm. (como no dudo) no será necessario mi
tal influencia: pues el Selo, y actividad del Th.^{e} D.^{n}

Anza No. 4

March 13, 1776

Bancroft Library, Berkeley, California; C-A 368: 17; Anza, Juan Bautista de,
1735-1788: Letters to Fernando de Rivera y Moncada, folios 10-11v

(folio 10)

My Dear Sir. I arrived with complete happiness at the Presidio of
Monterey on the 10th day of this month after seventeen days of
travel and without having had any more bad weather than one short
rain that fell the same day I arrived.

Immediately upon my arrival I provided the opportunity that
on the next day our new troop and their families might withdraw
into barracks, but with this opportunity they understood that they
would not be moving to their principal and final destination as
quickly as they desire. This has caused them a lot of grief and
disgust.[4] It has occurred to me to notify Your Honor of this, so that
the end result favors them while providing, at the same time, the
best service to the King in complying with the rigid orders and
charges of His Excellency, to the end that possession will be taken
of the Port of San Francisco. In this I will also be pleased, and I will
be able to tell His Excellency much more of that with which they
are already occupied (when not with

(folio 10v)

everything) with the major part of it.

Therefore, I beg Your Honor in my name, and that of the
aforementioned Expedition, (without treating in the present
communication on the missions that must accompany it) so to
verify it. I am certain in this that we all have the consolation that we
feel we have seen the major part of the orders of our superior put
into effect. Because of that, I offer Your Honor (notwithstanding
that which I have certified in my statement of the short amount of
time that I have left before I return to Mexico) that after my return
from the first reconnaissance that I am going to make of the
aforementioned port, on which I will leave within five days, I will
return and conduct our aforementioned troop to their destination
where they must establish themselves, if you deem it useful. In
this, if it is convenient for Your Honor (which I do not doubt), my
personal influence will not be necessary. Indeed, I certify that the
zeal and activity of Lieutenant Don

---

[4] See Rivera Letter #2, postscript after paragraph 20 and Anza Letter #8, folio
25v.

Josse Joachin Moraga, me consta que esta pronto á este, y maiores intentos: y los Yndividuos que
le hande acompañar, poseén el propio ardor.

Ympuesto Vm. de todo lo dho, como deq.^e mi
buelta á Monterrey, (no haviendo atrassa las
llubias) podra efectuarse á los veinte dias, o poco
(folio 11)
mas de esta fh.^a se servira Vm. darme para el mismo termino la respuesta q.^e tenga por combeniente; y siendo la qual le suplico quitamos antrâs Gentes los sinsabores conque se hallan, temiendo la
perdicion de sus hijos, q.^e p.^r estar transeuntes no tienen en que ocuparlos: y el bulgar dho deque sin
la maior urgencia, no se thoma Possecion del P.^{to}
p.^r lo que tanto ha anclado la incomparable Piedad de Ntrô Soberano, y Exmo Sor Virrei, quien cuenta p.^r uno de sus maiores Progressos la mencionada possecion.

Ntrâs Caballerias hán llegado mui razona-
bles aqui, y haciendo nrôs calculos D.ⁿ Josse Joachin
Moraga, y Yo, deq.^e con las mulas aperadas q.^e hem.^s
condussido, habrá las suficinetes, p.^a q.^e tambien lo
hagan de viveres al P.^{to} de S.ⁿ Fran.^{co} no obstante el
Ata
jo q.^e hai quedo; combenimos enq.^e hai las suficien
tes.

La Exp.^{on} trahé p.^r si, una Barra, tres Hachas
y tantas Palas, con lo que, ó poco mas que se le agregue, tienen lo suficiente p.^a hir comenzando sus
fabricas; y respecto áque siempre sera lo mexor que
se hagan q.^{to} antes del Terrado, me parece decir
á Vm. q.^e mande la Providencia deq.^e el Carpintero
(folio11v)
haga unas Adoveras, ó passe á fabricarlas al Nuevo Fuerte. Por ultimo, y para que esto tenga efecto
Vm. vea, si enq.^{to} balgo, y puedo, soi de algun util, y
ocupe mi ininutilidad con toda confianza, y satisfacion, creido deque la maior mia será dexar (como
ia hé dicho) puestas en practica las ord.^s de nrâ Superioridad, y desempeñadas las commiciones que
nos hán encomendado.

Ntrô S.^{or} gûe á Vm. m.^s a.^s Micion del Car-
melo, y marzo 13"de 1776"
Blm.^o de Vm su maior serv.^{or}
Juan Bap.^{ta} de Anza

José Joaquín Moraga is prompt in this and major attempts, and the individuals who go to accompany him possess the same enthusiasm.

I impose all the said responsibility upon Your Honor, as my return to Monterey (if the rains have not delayed it) will be completed in twenty days, or a little

(folio 11)

more, from this date. Your Honor will serve me well to give me, for the same end, the response that I need. That being so, I ask of you that our people be relieved of the displeasures with which they are found; like the damage being done to their children because they are transients with nothing to occupy them; and the common saying that without the greatest urgency they will not take possession of the Port, because this has been so anchored in the incomparable piety of Our Sovereign and the Most Excellent Lord Viceroy, who count the aforementioned possession as one of their greatest advancements.

Our horses have arrived here in very reasonable condition, and by mine and Don José Joaquín Moraga's calculations, considering the farm mules we have brought, there should be sufficient. There are also supplies to be brought to the Port of San Francisco and, notwithstanding the cattle herd that was left behind, we agree that there are enough of them.

The expedition brought a crow bar and three axes for itself, and a large number of shovels with which, or with a few more that they may be able to accumulate, they have what they need to begin construction. With regard to that, as always, there is a lot to be done before the roof goes up. It occurs to me to tell Your Honor that I instructed beforehand that the carpenter

(folio 11v)

make some molds for adobe blocks, or that he go to the new fort and make them there. Finally, and so that this will have an effect, Your Honor will see that as soon as I prevail, and I can, I am of some use, and that I occupied my idleness with complete confidence and satisfaction in the belief that the better part of my usefulness will be (as I have already said) to have put the orders of our superior into practice and to clear up the messages we have sent.

Our Lord keep your Honor many years. Mission of Carmelo, March 13, 1776.

Your greatest servant kisses the hand of Your Honor.
Juan Bautista de Anza (rubric)

P.D.
Tengo notiz.^a cierta de
q.^e los P.P.^s Mintrôs
Destinados âlas Miss.^{es}
de S.ⁿ Fran.^{co} hacen âni-
mo deirse enlos prim.^{os}
Barcos si de âqui â
su ârrivo nose proce
de âlmenos âla Ubi=
cacion del Fuerte. enlo
q.^e me ha parecido impo=
nen âVm paraq.^e escuse
este lance. q.^e puede
ser demalas resueltas
y no dudo âsi lo prac
tiquen unos religiosos
q.^e ha tanto tpô esperan
este Destino con ancia
      (rúbrica de Anza)

Sor D.ⁿ Fernando de
Rivera, y Moncada

P.S.

I have certain news that the Father Ministers destined for the missions of San Francisco are taking courage to go on the first ships. However, upon their arrival here they should not proceed to the location of the fort. Therefore, it seems good to me to impose upon Your Honor to prevent this occurrence, which could end with bad results. And I have no doubt that it will be so if a few religious who have waited anxiously for so long put it into practice.

(Anza's rubric)

To Señor Don Fernando de Rivera y Moncada

Anza Núm. 5

13 de marzo de 1776

Bancroft Library, Berkeley, California; C-A 368: 17; Anza, Juan Bautista de, 1735-1788: Cartas a Fernando de Rivera y Moncada, folios 12-13

(folio 12)

Mui S.^{or} mio: en virtud delos encargues de Vm.
le remitto el numero de hombres q.^{e} me pidio con fh.^{a}
de 8" del passado le remitiese, y aunq.^{e} no lo execu-
tan los q.^{e} Vm. me expressa, es p.^{r} motivo deq.^{e} lo
ai, p.^{a} q.^{e} no puedan hir.

Por la misma hé licenciado á Gerardo Peña, entrando en su lugar Casimiro Varela cassado.
El Prim.^{o} conduce las Caballerias enq.^{e} hacia elser-
vicio al advitrio de Vm. deq.^{e} va inteligencia-
do: en cuia vista podra Vm. determinar de
ellas lo q.^{e} mexor le paresca.

El Th.^{e} Dn Jose Joachin Moraga, me ha
dado parte deq.^{e} lo executó con Vm. dela seguida
q.^{e} hizo de los Decertores, como de haverlos entregado al Sarg.^{to} Com.^{te} en Sn Gabriel, alos que, (esto es
á los cuatro Harr.^{s} que alli dexo en pricion, y al q.^{e}
mando poner despues deq.^{e} se regresasé de Sn Diego) con-
deno aq.^{e} passen á la fabrica del Fuerte, y Micion.^{s}

(folio 12v)

de Sn Fran.^{co} á razion, y sin sueldo, entre tanto dis-
pone otra cossa el Exmo Sor Virrei, aq.^{n} daré parte de este particular.

Sobre el, no ha practicado ninguna providen-
cia judicial, y p.^{r} escritto dho Th.^{e} Moraga; pero me
asegura que las vervales de todos, contestan en
expressar, que la mencionada Decercion dima
no de lo que siento decir a Vm. si el casso se aver-
gua ciertto: y es, elq.^{e} haviendo vendido repitidas
vezes, y p.^{r} su sugestion al robo, y al Cavo Carrillo
porcion de Chocolate, y Arguard.^{te} el Harriero Josse
Ygn.^{o} Amarillas: acuio cargo estaba lo referido
y conociendo este, que se havia de hechar menor
su robo, como de castigarle Yo su infidencia; tomo
el partido de combidar al Soldado, y demas De
certores, y que haviendo combenido en ello, al
tiempo de executarlo, se arrepintio el predho
Amarillas: en cuia vista, y de tener hecho el
animo p.^{a} efectuarlo la consumaron los cin-

Anza No. 5
March 13, 1776

Bancroft Library, Berkeley, California; C-A 368: 17; Anza, Juan Bautista de, 1735-1788: Letters to Fernando de Rivera y Moncada, folios 12-13

(folio 12)

My Dear Sir: In virtue Your Honor´s requests, I am sending the number of men that you asked me to send in your letter dated the 8th of last month,[5] although the ones Your Honor asked me for are not executing the order. It is for the reason that they are here but cannot go.

For this same reason I have licensed Gerardo Peña to go in place of Casimiro Varela, a married man. The first will drive the saddle animals. Although he was formerly in Your Honor´s service, he goes well informed. In this way, Your Honor will be able to determine from among them which ones appear to you to be best.

Lieutenant Don José Joaquín Moraga has advised me of the agreement made with Your Honor concerning the pursuit he made of the deserters; that they have been delivered to the sergeant commander[6] at San Gabriel. Those who have been sentenced (this concerns the four mule packers that were left there in jail and ordered to be placed there after I had returned from San Diego) will go to labor on the Fort and Mission

(folio 12v)

of San Francisco on short rations and without wages, in addition to whatever else the Most Excellent Lord Viceroy arranges. I will advise him in this particular.

Concerning that, no judicial measures have been taken other than what the said Lieutenant Moraga wrote. However, he assures me that oral declarations were made by everyone and that they told from what the aforementioned desertion arose. I feel I should tell Your Honor that in this case, if it is argued to be true, after having persuaded others repeatedly, and at his suggestion for the robbery, and having given Corporal Carrillo a portion of chocolate and *aguardiente*,[7] the fault lies with mule packer, José Ignacio Amarillas, whose load was the aforementioned materials. And in knowing this, that he came to miss out on the robbery, how should I punish his treason? He made plans to invite the soldier and other deserters and, after they agreed to it, the aforementioned Amarillas repented when it came time to execute the plan. However, building up the courage to carry it out consumed the five

---

[5] Missing Rivera Letter of February, 8, 1776.
[6] Juan Pablo Grijalva
[7] See Appendix, page 148, item 2

23

co que aprehendio el mismo oficial.

      Digo á Vm. todo lo referido, p.ª q.ᵉ en su vista thome, ó mande thomar las declaraciones que combengan para el processo delos Soldados, ó justificacion del uno de ellos.

      Nrô Señor gûê á V.m.ˢ a.ˢ Micion
               (folio 13)
del Carmelo y marzo 13"de 1776"
           Blm.º de Vm su maior s.ᵒʳ
           Juan Bap.ᵗᵃ de Anza (rúbrica)

S.ᵒʳ D.ⁿ Fernando de
Rivera, y Moncada

that the same officer apprehended.

I tell Your Honor all of the foregoing that, in light of it, you might take declarations, or order that declarations be taken, corresponding to the judicial process for the soldiers, or that one of them might show justification.

Our Lord keep Your Honor many years. Mission
(folio 13)
of Carmelo, March 13, 1776.

Your best servant kisses the hand of Your Honor
Juan Bautista de Anza (rubric)

To Señor Don Fernando de
Rivera y Moncada

Rivera Núm. 1

28 de marzo de 1776

Bancroft Library, Berkeley, California; C-A 368: 19: Rivera y Moncada, Fernando:
Papeles relativos a su disputa con Juan Bautista de Anza, folios 2-3

(Respuesta a la carta #3 de Anza, fechada el 20 de febrero de 1776)

(folio 2)

S. D.ⁿ Juan Bap.ᵗᵃ de Ansa

Muy Señor mio: estimado y amado amigo: respondo
â la apreciable que reciví de Vm fha 20 del pasado en la
que me comunica la desercion del soldado Yepis cinco
Peones, y su resolucion en pasarse para arriva la
parte mayor de la gente, y ganado; haviendo logr.ᵈᵒ
el The.ᵉ Moraga darles alcance y bolverlos es solo
(folio 2v)
sensible la perdida de las 9 vestias; de esos Peones digo
al Sargento me despache tres, se los nombro, los otros
dos hará Vm bien en llevarselos, no sucedá q.ᵉ repitan.
    A lo segundo resp.ᵈᵒ que fue motivo bastante el que
animó âVm aunque sobrava el de los viveres, pues
si no se hubiera Vm resuelto, no era posible sufrir
el gasto, compelido de la escasez daria ya ôrn se
marchasen, con pocos dias mas que dilate el Barco
se acortará la racion: Espero que Vm se dedicará
movido de piedad, y como servidor tal del Rey, â
esplicar clara y distintamenta al S.ᵒʳ Ex.ᵐᵒ el esta
do de todo esto de Monterrey, â S.ⁿ Diego que lo
ha andado y visto Vm â quien bien puedo decir
que mi vida desde 68 que me destinaron para
estas Tierras ha sido martirio.
    Vm consiguio hacer su primer viaje con
aplauso y aceptacion, uno y otro logrará Vm
de este segundo que para mi fuera el de mayor di
ficultad, pero Vm ha savido facilitar ambos, Dios
le remunere sus travajos âVm, y que por acrehe
dor obtenga los asensos correspondientes. Los
efectos solos publican la feliz conducta y acierto
del obrar de Vm no necesitan pluma que los en
salce, tampoco conseguira alguna facilidad en
disminuirlos.
    Senti no haver correspondido â la confian
za que uso quando me leyo sus borradores, consis
tio en selo mi cortedad, por el buen estilo en las

Rivera No. 1
March 28, 1776

Bancroft Library, Berkeley, California; C-A 368: 19: Rivera y Moncada, Fernando:
Papers relative to his dispute with Juan Bautista de Anza, folios 2-3
**(Response to Anza Letter #3, dated February 20, 1776 -
Compare with Anza Letter #7)**

(folio 2)

Señor Don Juan Bautista de Anza

My Dear Sir, Esteemed and Beloved Friend: I am responding to
the worthy letter of Your Honor that I received, dated the 20th of
last month, in which you told me of the desertion of the soldier
Yepis, and five workers, and of your decision to leave, taking the
majority of the people and cattle. Lieutenant Moraga having
succeeded in overtaking the deserters and returned, it is perceived

(folio 2v)

that only nine animals were lost. Of those workers, I say that the
sergeant has sent three of them to me - those named herein - and
the other two, Your Honor will do well to take them so that they
will not succeed in doing it again.

To the second point I respond that which inspired Your
Honor to leave was motive enough, although there used to be
more provisions than were necessary. Indeed, if Your Honor had
not decided to leave it would have been impossible to bear the
costs. Compelled by the shortage, the order should have already
been given to march. With a few more days that the ship is
delayed, rations will be reduced. I hope that Your Honor will
dedicate yourself, moved upon by compassion and as a servant of
the King, to explain clearly and distinctly to the Most Excellent
Lord [Viceroy], the state of everything over which you have
traveled and that you have seen from Monterey to San Diego, and
whom you are well able to inform that from "68", when they sent
me to these parts, my life has been that of a martyr.

Your Honor has succeeded in making your first trip with
praise and acceptance. In both the first and the second, Your Honor
will succeed at what, for me, would have been a major difficulty.
May God reward the efforts of Your Honor and, as its creditor,
may you obtain the corresponding promotions. The consequences
only proclaim the happy conduct and effects of Your Honor's
works. The pen is not needed to aggrandize them, nor could it
succeed in any way to diminish them.

When I read your letters, the confidence I exhibit does not
reflect the jealousy I felt in my lack of instruction. Alongside the
great style of

obras de Vm, que el mio se estiende puramente
(folio 3)
â verdades y torrones. Si encontrare y viere carta
mia no leherá cosa que no ablaiemos y tratamos,
ni es mi genio para otra cosa.

En la que ultimamente encontre de Vm en S.^n
Gabriel hace memoria no haverle dado respuesta
â la que le mereci me dejara al primer viaje, adonde
con acierto dirigiria lasma; segundo q.^e anclar tan
to por conseguir verme con Vm y hallarme la sola
cartal, por la contingencia de unos pocos dias de diferiencia en haver llegado yo â este de Sn Diego, el
mismo dia que Vm se marchó de Sn Gabriel, tiene
Vm la satisfaccion q.^e no falté âsus encargos, y deje
me sentir.

En lo que valga mi pequeñez cuente con un Ne
gro de buena voluntad que deja acá grandem.^te af.^o
â Vm y mandeme librem.^e

N.S. gûe âVm por m.^s a.^s

Sn Diego y Marzo 28 de 1776

Fern.^do de Riv.^a y Monc.^da

Your Honor's works, mine extend merely

(folio 3)

to statements of fact and rough drafts. Should you encounter and see a letter of mine, you will not read anything in it about which we have not spoken or dealt with, nor is it in my nature to do otherwise.

Concerning Your Honor's letter that was left for me after your first trip,[8] you will remember that I did not give it the answer that it merited. I ultimately received it at San Gabriel from where I should have, with effect, directed mine to you but for my attempt to anchor a meeting between myself and Your Honor. When your letter found me it was with the contingency of the few days difference in my having arrived at this Presidio of San Diego the same day that Your Honor left San Gabriel. Your Honor has the satisfaction that I did not fulfill your requests and I was left to regret it.

Whatever value my insignificance amounts to as a most unworthy servant of good will, I am left with the greatest affection for Your Honor and freely at your command. Our Lord keep Your Honor many years. San Diego, March 28, 1776. Fernando de Rivera y Moncada

---

[8] Missing Anza Letter from the 1774 exploratory expedition.

Rivera Núm. 2
2 de abril de 1776

Bancroft Library, Berkeley, California; C-A 368: 19: Rivera y Moncada, Fernando:
Papeles relativos a su disputa con Juan Bautista de Anza, folios 4v-8

(folio 4v)

Sor D.ⁿ Juan Bapt.^{ta} de Ansa

Muy S.^{or} mio: respondo â los dos oficios de Vm de 13 y 15 del
pasado Marzo, celebrando el feliz viaje de Vm con su
partida hasta ese de Monterrey, y sintiendo como en
verdad lo siento el dolor que le acometio, cuya mejoria
deseo haya seguido hasta la perfecta sanidad, la que
habra facilitado â Vm avanzar al Puerto de S.n Fran.^o
remate de su crecida fatiga.

      Fuerte asumpto me toca Vm en ambos tan eficaz
        ^y diligente
apretante ^ que si otros motivos no tubiera savidos
y advertidos en Vm este solo seria suficente a poner
me en total conocim.^{to} de la actividad y celo con que
Vm sirve, y executa las ordenes digno todo de alaban
za: pero confieso que haviendome sorprehendidome
aturdio no poco.

      Diceme Vm que al siguiente dia principio en
abarracarse la Tropa, lo que les causó pesar y dis
gusto entendidos no pasan tan prontos asu prin
cipal y ultimo destino. Que ha parecido â Vm parti
ciparmelo al fin de que se complazcan, haciendo al
mismo tiempo el mejor servicio al Rey; y tambien
cumpliendo en la parte que se pueda los estrechos
ordenes y encargues de Su Ex.ª âfin de tomar posesion

        (folio 5)

del Puerto de S.ⁿ Fran.^{co} y que en ello tambien se regocijará
Vm mucho. Leo igualmente que es dho bulgar de que sin
la mayor urgencia no se tome posesion del Puerto.

      En posdata leo que tiene noticia cierta de que los
P.P. Ministros destinados â las misiones de S.ⁿ Fran.^{co} hacen
animo de irse en los primeros Barcos si de aquí âsu
arrivo no se procede al menos â la ubicación del Fuerte, en lo que ha parecido âVm imponerme para q.^e
escuse el lance que puede ser demalas resultas, y que no
duda Vm asi lo practiquen unos Religiosos q.^e ha tan
to tiempo esperan este destino.

Rivera No. 2

April 2, 1776

Bancroft Library, Berkeley, California; C-A 368: 19: Rivera y Moncada, Fernando:
Papers relative to his dispute with Juan Bautista de Anza, folios 4v-8
(Response to Anza Letter #4, dated March 13, 1776)

(The small, bold numbers in parenthesis represent paragraph numbers for easy cross reference between this letter and Anza Letter #8, which answers this one, paragraph by paragraph)

(folio 4v)

Señor Don Juan Bautista de Anza

My Dear Sir: I am responding to Your Honor's two official letters of the 13th and 15th[9] of this past March, commending Your Honor's successful journey after your departure from here to Monterey, and truly feeling sorry about the pain that attacked you. My wish is for you to get better until your perfect health should follow, facilitating Your Honor's advance to the Port of San Francisco to finish your important hard work.

(2) Your Honor forces a vigorous business upon me. It is so effectively both constrictive and swift that, if no other motives had been known or observed in Your Honor, this alone would be sufficient to give me a complete understanding of the swiftness and zeal with which Your Honor serves and executes orders. All is worthy of praise, but I confess that I have been surprised and not just a little stunned.

(3) Your Honor tells me that the next day, the one in which the troop entered the barracks, it caused them grief and dismay to know that they would not be going to their primary and final destination soon. It has seemed good to Your Honor to inform me that I should accommodate them, performing, at the same time, the greater service to the King. Also, in whatever part I could, I should discharge the strict orders and charges of His Excellency to the end that possession be taken

(folio 5)

of the Port of San Francisco, which would also greatly please Your Honor. I equally infer from what I read that it is said to be vulgar not to take possession of the port with the greatest urgency.

(4) I read in the postscript that you have firm news that the Father Ministers destined for the missions of San Francisco have taken courage to go on the first ships. However, upon their arrival here they should not proceed to the location of the fort. Your Honor seeks to impose upon me to prevent this occurrence, which could end with bad results. And, Your Honor has no doubt this will be so if some religious who have waited so long for this destiny put it into practice.

---

[9] Missing Anza Letter of March 15, 1776.

Todo el dia 31 no estube gente se me puso la caveza
de manera que perdí el dia en pensar solo en todo su
peso, la propuesta â la fuerza del crecido desconsuelo
en verme sin talentos, consejo ni âquien consultar,
si solo la corta experiencia, luz, y conocimiento de
un mal soldado por lo que digo.

Vm antes de haver llegado â la de Sn Gabriel su
po por los soldados que adelantó, y bolvieron, y el q.^e
les acompaño de la Escolta, lo que acontecio â la Mi
sion vecina de este Presidio; con esa sola noticia lue
go concivio marcharse desde el Rio de Sta Ana en dere
chura â socorrer y reparar esto, detubo su execucion
la segunda que dieron â Vm de que havia pasado co
rreo y me esperavan, por lo que siguiendo su derrota
a Sn Gabriel, me encontró yá en ella. Ablamos y
haviendo propuesto â Vm que no pudiendo yo retro
ceder, continuara Vm para arriva si bien le parecia
me respondio que solo â que, que los dos haviamos de
ir por la razon de que mas ven cuatro ojos que dos,
q.^e tambien este era Puerto, y no deviendo dejar esto
expuesto â la perdicion, si me parecia q.^e vendriamos

(folio 5v)

juntos, admití sin detencion y con agradecim.^to, estiman
do tanto la ocasión, como cierto que trahia meditado
pedir socorro de Gente y Cavallos al Governador de Cali
fornias.

Llegamos aquí, vio Vm el estado fatal en que se
hallavan estos pocos cavallos, sin ser posible salie-
ramos nosotros, y como mejor pude, mande fuera
dos ocasiones al Sargento.

Después ablamos en asumpto â irse Vm a S.^n
Fran.^co para el menos atraso en los negocios quedan
dose la tropa en Sn Gabriel, y que una parte viniese
â acompañarme, de lo que informamos â S. Ex.ª

Sucedió, que antes de la partida de Vm, le llegó co
rreo con la dificultad que alli experimentavan en
los viveres, con lo que comenzó â mudar de dictamen
y â inclinarse que pasara la mayor parte de la
Gente, lo que haviendome comunicado, combine en
ello.

Pues Sor Dn Juan, Compañero mio, si aun an
tes de ablar Vm conmigo, juzgo que por el mal estado
de este territorio, era preferible su reparo â la pron
ta providencia del establecimiento del Fuerte de S.^n

(5)   All day on the 31st I was preoccupied. People held my attention in such a way that I lost the day in thinking only of all their problems. Consider, I tell you, the strength of the growing affliction and them seeing me without talent as a counselor and no one to counsel me, indeed, with only the limited experience, light, and knowledge of a poor soldier.

(6)   Before you arrived at the [mission] of San Gabriel, Your Honor knew what had happened at the mission attached to the presidio [of San Diego] because of the soldiers you had sent ahead and who had returned and were accompanying you as an escort. With only that one notice, you conceived to march directly from the Santa Ana River to aid and help with this. When they gave you the second [notice], which arrived through the mail, you postponed your march and waited for me because you took the route to San Gabriel where you found me in this [mission].[10] We spoke and I proposed to you that I was unable to return at that time and that you should continue, if it seemed good to you. You responded to me only that the two of us should both go because four eyes see more than two. Also, [you said] that this was a port and that we must not leave such to destruction. Indeed, it seemed to me that we should go

(folio 5v)

together which I admitted without delay and with appreciation, greatly valuing the opportunity, for certainly I had been contemplating asking the Governor of the Californias for aid in the form of men and horses.

(7)   When we arrived here Your Honor saw the unfortunate condition of these few horses, making it impossible for us to go on the march, and yet I sent the Sergeant out twice as best I could.

(8)   After we spoke on the subject of Your Honor going to San Francisco, you at least postponed the occupation [of San Francisco], leaving the troop in San Gabriel and [instructed] that a part of them should come to accompany me, of which we informed His Excellency.

(9)   It happened that before Your Honor's party got here the mail arrived, telling of the difficulty you were experiencing where you were with your provisions.[11] With that in mind you began to change your opinion and be inclined to think that a major part of the people should pass by. Having communicated that to me, I agreed with it.

(10)   So it happened, Señor Don Juan, my friend, that even before Your Honor spoke to me, you judged that from the bad condition of this territory it was preferable for you to support the quick provision for the establishment of the Fort of San

---

[10] Rivera arrived at San Gabriel on January 3, 1776. Anza and the Expedition arrived the next day.

[11] See Anza Letters #1 and #3.

Fran.^{co} y después unidos y unánimes â ley de buenos
servidores del Rey, lo determinamos considerando
ser lo que mas combenia al Servicio de Dios y de
S.M. y conforme â la mente del S.^{or} Exmo y por consiguiente que si nos mando aquello en primer lugar,
fue supuesta la paz y quietud del Pais, y no en inteligencia del estado pesymo en que me halla Vm por
la novedad acontecida, asi consta por mas plumas
â S. Ex.ª qual pues es la causa de tan distinto

(folio 6)

dictamen y mudanza de Vm en tan pocos dias que
ha que se separó de mi? Vm me dejó en la misma dificultad de los Yndios, igualmente en la que me hallo de
cavallos, asi continuo; pues si existen las proprias
causas, no encuentro razon combincente para obrar
lo contrario.

Y si piensa Vm asi estimulado de la resolucion
de los destinados P.P. Mtrôs p.^a las Misiones, respondo
q.^e yo soy responsable de lo que executo h.^a y de lo que
hagan los P.P., reponderan los mismos û el P. Presid.^{te}
ô su colegio; pero advierto, que haviendo recivido
carta del P. Presidente en esta ocasión fha 13 del citado mes, la Clausula suya â estos asumptos trasla
dada â la letra es en el thenor siguiente.
En ôrn al restablecimiento de esas dos desgraciadas
Misiones de S.ⁿ Diego y San Juan Cap.^{no} nada digo, sino que espero que Vm hará quanto posible sea para
el bien de esas pobres Almas; y principalmente de
la primera, que por muchas circunstancias es â todos
preferible.

Como Vm advertira dho P. Presidente que
en otros tiempos repetidas veces me abló en solici
tud de nueva Fundacion, y no la pudo recavar de
mi hasta haver hecho recurso, en la presente lejos
de ponerme en apuro con instancia, antes bien pa
rece que me exorta â la continuación y finaliza
cion de la dificultad que estoy practicando.

Mucho hubiera apreciado, si como Vm me dice
han llegado tan buenas sus Cavallerias, que con
los correos me hubiese mandado el corto socorro
que lepedia, aunque no fuese demas numero que
ocho ô diez, ayuda mefueran por la grande

(folio 6v)

necesidad en que me hallo, precisandome, que bolví

Francisco. Afterwards, united and unanimous on the word of good servants of the King, we made a determination, considering what was most suitable to the Service of God and His Majesty, that would conform to the mind of the Most Excellent Lord [Viceroy], even though he consequently commanded us to do it in the first place. The peace and tranquillity of this country was supposed, and you were not informed of the very bad condition in which Your Honor would find me, because of the danger that threatened, as certified by more letters to His Excellency. What then is the cause of such a distinct

(folio 6)

opinion and change of heart in Your Honor in so few days that you have been separated from me? Your Honor left me in the same difficulty with the Indians, as equally with that in which you found me with the horses. And so I continue. Indeed, since the original causes [still] exist, I see no convincing reason to do anything to the contrary.

(11)   And if Your Honor thinks to be so encouraged by the resolution of the Fathers destined for the missions, I respond that I am responsible for what I do and for what the Fathers do. They or their Father President or their college will tell you the same thing. However, be advised that I have received a letter from the Father President at this juncture dated the 13th of the said month. Its closing statement on these subjects, transcribed to the letter, is of the following tenor:

> "In reference to the reestablishment of those two unfortunate missions of San Diego and San Juan Capistrano I will say nothing except that I hope Your Honor will do everything possible for the well being of those poor souls, especially in the first one, which, due to many circumstances is preferable above all."

(12)   As Your Honor will be advised the said Father President spoke to me on repeated other occasions in solicitation of a new foundation, which could not be dug again until I had made my return. Under the present circumstances it is far from being considered an urgent need. That being so, it seems to exhort me to the continuation and finalization of the difficult situation on which I am working.

(13)   It would have been much appreciated if, as Your Honor told me, your riding animals having arrived in such good condition, that when you sent the mail you would have sent me the little assistance for which I asked.[12] Although it would not have been a greater number than eight or ten, they would have helped me in the great

(folio 6v)

necessity in which I found myself. Upon my return

---

[12] See Anza Letter #3, folio 8, second full paragraph.

35

endo de una salida, se demore dias la que deviera inme
diatam.^{te} seguir, por el respecto solo de que recuperen
los pocos Cavallos, que deno hacerlo asi estubieran
ya muertos ô Perlaticos. La esperanza de que ven
gan del Loreto es remota pues como dige âVm
dista por lo menos trescientas y cincuenta leguas,
la mayor parte del camino pedregoso, por lo que si
consigo el que vengan no será posible servirse de
ellos hasta pasado mucho tiempo.

     Lo que ha parecido al Theniente D.ⁿ Josef Joa-
chin Moraga se halle parte de los Yndios Culpados
del otro lado de la sierra, respondo âVm. Que por lo
menos hasta la presente aquí no se ha conocido eso
de que los Christianos autores de la maldad se hayan
retirado en tanta distancia; y dejarlos descuidar
como Vm me dice absolutam.^{te} no tiene cuenta, por
el peligro de nuevos y mayores daños, y que aun â mi
me retardaria mi regreso â ese de Monterrey, â
donde me llaman graves causas de mi Empleo. Doy
gracias por la oferta que Vm me hace, q.^e en llegando
al Rio les echará encima quinientos ô seiscientos
Yumas, no me atrevo â admitir, antes detener
para ello superior orden, la que me eximirá de res
ponder â las resultas, como obligado por estar estos
establecim.^{tos} sobre mis endebles Hombros.

     Con la Recua, que cargada de Bastimento
despaché â S.ⁿ Gabriel, y bolvio, pocos dias después de
marchado el Theniente Moraga, escrivieron
el Sargento y Cavo, que se aparecieron en la
(folio 7)

Mision un Pima y nueve Yndios de el Rio, que digeron
caminava distinta partida del otro lado de la sierra
nada me gustó la notocia, y si me hallara presente
los apresara, y solo pudiera haverme detenido, el
respecto que agraviados, resultara perjuicio â los
dos religiosos que quedaron solos en el rio; pero man
dara, que ocho hombres los bolvieran camino â su tie
rra, y que después de dos dias, lo dejaran ir; ultimam.^{te}
me avisa el Cavo, que el P. Garces los encontró viniendo
p.^a S.ⁿ Gabriel pero solos ocho, â donde quedan ô que
se ha hecho de los otros dos?

     Dicho P. Garces, me ha escrito del sobre dicho S.ⁿ
Gabriel pidiendome socorro de uno ô dos soldados has
ta S.ⁿ Luis, algunas Bestias y Bastimento, no pro-
vehi la petición (tanto escasea el Maiz que he

from a foray I had to remain for days in need of immediate security, only because of the need for my few horses to recuperate. If I had not done so, they should already be dead or crippled. The hope that Loreto would come [to my assistance] is remote. Indeed, as I told Your Honor, at the least it is three hundred and fifty leagues

away and the road is rocky. Because of that, if those who come followed it, it would not be possible for them to be of any service here until a lot of time had passed.

(14) It has seemed to Lieutenant Don José Joaquín Moraga that some of the guilty Indians will be found on the other side of the mountains. I respond to Your Honor that, at least until the present time, we have not been aware of that here, that the Christian authors of the wickedness have fled to such a distance and they leave there to raid. As Your Honor has told me, we have absolutely no account of it because of the dangers of new and major damage. And, even for me, I would slow my return to that [Presidio] of Monterey where they call me on grave considerations of my employment. I give thanks for the offer Your Honor made me to send more than five or six hundred Yumas when you arrive at the [Colorado] River. I would not dare to accept until I have retained a superior order to that effect, which will exempt me from responding to its results, as the obligation for the existence of these establishments is upon my feeble shoulders.

(15) I dispatched [mail] with the mule train that carried the supplies to San Gabriel and it returned a few days after Lieutenant Moraga had gone on the march. The sergeant and corporal wrote that a Pima and nine Indians

(folio 7)

from the [Colorado] River had appeared there and said that a distinct group was traveling from the other side of the mountains. Nothing about the news pleased me and, had I been present, I would have seized them, and that is the only thing that would have detained me. Respecting injuries, harm could come to both the religious who remained alone on the River. However, notice was sent that eight of the men would return on the road to their land and after two days, they should have left to go. Ultimately, the corporal advised me that Father Garcés encountered them coming to San Gabriel, but only eight of them. Where have they gone, or what has happened to the other two?

(16) The said Father Garcés has written to me from the above-mentioned San Gabriel, asking me for the assistance of one or two soldiers as far as San Luis, and some animals and provisions. I did not provide for his petition (I have only given him

dado ôrn se acorte la racion â los solteros) pero
ami intento le he dicho lo que hace al caso sobre
dos ô tres Guias Yndios que le acompañan, y que
supuesto no dilatará Vm. le aguarde y confie-
ran esos asumptos. Si Vm encuentra â S. R. dele
lo que guste del Bastimento que tenga la escolta,
es de notar que si mi atención repara en esas
cortedades de diez, y dos ô tres Guias, que estomago
me haran quinientos ô seiscientos Yumas.

      Criticen, ô discurran otros, las comveniencias
que tales visitas pueden acarrisan â estos establecimientos.
Yo entre tanto, considero que ningunas, mientras los Pueblos
no sean otra cosa que unos puros principios sin mas vecin
dario que la tropa y pocos Peones sirvientes entre estos po
cos tiernos y vacilantes Christianos; y que en el paso del Rio
no se establezca un Presidio, a quien igualm.^{te} tenian que
        (folio 7v)
los castigue, como â los de acá, si sucediera que comenzaran
â robar. Sirvase Vm estender su consideracion como practi
co y experimentado en aquellas naciones.

      Vm, y Yo, tenemos informado á la Superioridad de haver
llegado con la tropa, de la novedad, y malestado de este terri
torio, no me parece impropio esperar que en todo Mayo
venga la respuesta y ôrns del S.^{or} Exmo si fueren, de que aun
asi se establezca el Puerto de S.ⁿ Fran.^{co}, luego sin minima de
mora se executará, y si se digna S. Ex.ª aprobar que eva
cuados estos queaceres siga el Fuerte, estamos â camino
y tendremos por acierto nuestro informe en las urgencias.

      Acavo de hacer cargo al Theniente D.ⁿ Fran.^{co} de Or-
tega, que haviendose huido los Christianos autores, y
salido el Sargento con once hombres en su busca, les quisie
ron acometer una noche en la sierra, y se les frustro por
la vigilancia en que los hallaron, de que bueltos sin la presa
estos, se resolviera el primero â proceder al establecim.^{to}
de la de S.ⁿ Juan Capistrano, si ami me aconteciera nueva
novedad, el caso seria el mismo, con la diferiencia que
el principio que se havia dado, hera en cercania, y no ha
viendo embarazo de mugeres y muchachos, al primer
aviso despoblaron y se recogieron â este; cierto es Amigo
mio, que yo mismo juzgo me hacia acrehedor â un cre
cido baldon, ya soy viejo dispenseme Vm que reuse expe
rimentarlo; el aguardar las superiores ordenes en resul
ta de nrô Ynforme, pienso es el remedio eficaz q.^e puede
librarme.

sparingly some corn and ordered that the ration of the single people be cut back). However, as to my intention, I have told him with respect to the two or three Indian guides that accompany him, and supposing that Your Honor will not be delayed, he should wait and confer with you on those subjects. If Your Honor encounters His Reverence, give him what pleases him from the provisions that your escort has. It is noteworthy that if my kindness is suspended in the wants of those ten, or the two or three guides, how I resent what five or six hundred Yumas will cause me.

(17)   Some criticize while others discuss the conveniences that such visits can convey to these establishments. I, in the meantime, consider that there should be none among the people other than the unmingled first founders, with no other inhabitants than the troop and a few workers. Among these there should be few young and irresolute Christians if a presidio is not established at the crossing of the [Colorado] River, where they will also have to be

(folio 7v)

punished if it should follow that they begin to rob. It would serve Your Honor well to extend your consideration to what has been done and experienced in those nations.

(18)   Your Honor and I have informed the Superiority of the troop having arrived and of the situation and uneasiness of this territory. To me, it does not seem improper to hope that by the end of May, a response and orders will come from His Excellency. If the [order] was, even so, to establish the Port of San Francisco, then it will be executed with a minimum of delay. And if His Excellency deigns approve the evacuation of these occupied places, the fort will follow. We are on the road and we will most certainly have our urgent instructions.

(19)   I concluded to put Lieutenant Don Francisco de Ortega in charge. The Christian instigators [of the rebellion] had fled and the sergeant and eleven men had gone in search of them. They wanted to attack them one night in the mountains but were frustrated by the vigilance [the Indians] kept and returned without capturing them. The first decided to proceed to the establishment of the [mission] of San Juan Capistrano. If anything new had happened to me things would have been the same. The only difference would be in the first [strike] that was made. It would be close-by and not have the impediment of women and children, [who] at the first notice fled [that mission] and gathered at this one. It is certain, my friend, that I, myself, judge that I was being made the recipient of a growing insult. I am already old.[13] Absolve me, Your Honor, from reliving the experience again. I think the only effective remedy that can free me is to follow the superior orders that result from our report.

---

[13] Born November 14, 1724, Rivera was nearing fifty-two years of age.

Soy el mismo compañero, Amigo, y Negro de Vm, me precisa â responder con eficacia por no ser inferior la que usa Vm en sus oficios, y es grave el asumpto, man deme libremente seguro de que es buena mi voluntad.

N.S. gûe âVm m.^{s} a.^{s} Sn Diego y Abril 2 de 1776
(folio 8)
Fernando de Riv.^{a} y Moncada

P.D. Se me pasó decir
una palabra al disgusto de la tropa. Esos hombres si por Sold.^{s} de los Presidios (los diez que han venido) estrañan la demo ra pareceme no tienen razon por instruidos y exercita dos en darse auxilio deun Presidio â otro en los casos que creo se ofreceran no tan de tarde en tarde por aquellas Provincias. tampoco la tienen los que por reclutados vi nieron, pues por vecinos deven haver visto y saver, que conforme las necesidades, salen Partidas Reclutadas de toda la Governacion, sin escaparse aun el R.^{l} del Rosario, como pues soy tan desgraciado que encontrandome en necesidad precisa se disgusten de suspenderse un tanto y ayudarme los que vienen con obligacion de asistir y servir en la pacificacion de estos espaciosos terrenos pues si bien su destino tiene por objeto el Puerto de Sn Fran.^{co}, si sucediere que puestos ya en el experimenten novedad, con precision se les ha de auxiliar de estos otros Presidios.

(20)   I am Your Honor's same companion, friend, and lowly servant. You need to respond to me with efficacy, because I am not inferior as Your Honor treats me in your official letters, and it is a ponderous subject. Command me freely, secure in the knowledge that I am of good will.

Our Lord keep Your Honor many years. San Diego, April 2, 1776.
(folio 8)
Fernando de Rivera y Moncada

P.S.

I was going to say a word about the dismay of the troops. These men, if they are to be soldiers of the presidios (the ten that have come), wonder at the delay, but it appears to me that they have no reason. They are instructed and exercised in providing aid in one presidio or another, something that I believe is provided in those provinces. Neither is it to be had so seldom in these cases. Those who came as recruits, then, as citizens must have seen and known that parties recruited by the government anywhere, not even excluding the Royal City of Rosario, must adjust to necessity. Therefore, I am so unfortunate as to be found under such necessity, and that those who came to assist and serve in the pacification of these vast territories should be disgusted at having to suspend [their objective] a little while and help me. However, even though their destiny has the Port of San Francisco as its objective, it so happens that they have been placed in a situation of experiencing a new state of things and they will, out of necessity, act as auxiliaries to these presidios.[14]

---

[14] See Anza Letter #4, folio 10, second paragraph.

Anza Núm. 6

12 de abril de 1776

Bancroft Library, Berkeley, California; C-A 368: 17; Anza, Juan Bautista de,
1735-1788: Cartas a Fernando de Rivera y Moncada, folios 14-15

(folio 14)

Mui S.^r mio: sin embargo de que segun lo q.^e
acordamos en el Press.^o de S.ⁿ Diego, espero nos veamos en la
Micion de S.ⁿ Gavriel p.^a el 25"proxima ocurr.^{te} a fin de
que nos acordemos sovre los asumptos que nos estan en
comendados p.^r el Es.^{mo} Sor Virrei afecto de obiar todo
contingente; por sino se pudiere verificar nrâ vista
meha parecido imponer á Vm. en los particulares siguientes, áque de todos modos se servira con-
testarme.

     En virtud delas superior.^s orns de Su Ex.ª de dos de
hen.^o y veinte, y cuatro de maio del año proximo an
terior, y delo que tambien combenimos entre ambos
sovre este azumpto: passe al examen del P.^{to} de S.ⁿ
Fran.^{co} y Parages immediatos mas proporcionados
p.^a el establessim.^{to} de su Fuerte, y las dos Miciones
que le deven ácompanar: en cuia ynspeccion ha-
llé que en la mas interior del mencionado Puerto
que no sehavia reconocido, y en los mas estrecho
de su Boca (donde dejé plantada una cruz) hai pro
porcion suficiente p.^a la ubicacion del Fuerte: pues
               mui immediatas
logra de varias Aguas ^ y permanentes segun á
todos nos parecio, y h.^a dos leguas con abundancia de
           (folio 14v)
Leña berde, y seca, dela que sepuede sacar la Palisada
pressisa p.^a estacadas, y Barracas, como tambien me
xores Pastos que los de todos estos Terrenos, toda en lo dho in
terior del Puertto: á cuio sitio principal indicado, tam
bien sepuede conducir de sinco leguas á seis dela Ca
ñada de S.ⁿ Andres (donde estube) Morillage de Pino en
mulas para fabricas mas formales: cuio viage se po
dra efectuar en tres dias p.^r buen camino y libre delos
Medanos q.^e se han transitado h.^a hora.

     En Virtud de esto, y dc que el principal obgeta delos
gastos que se hán hecho, y hacen p.^a la ocupacion del
referido Puerto, aspiran aque se verifique en el pro
pio, p.^a q.^e pueda ser guardado dela Tropa que se le destino
es mi dictamen que quede deluego á luego, ocupado en

Anza No. 6
April 12, 1776

Bancroft Library, Berkeley, California; C-A 368: 17; Anza, Juan Bautista de,
1735-1788: Letters to Fernando de Rivera y Moncada, folios 14-15
(Compare with a copy of the same letter, Antepasados IX, pp. 37-41)[15]

(folio 14)

My Dear Sir: Notwithstanding that upon which we agreed at the Presidio of San Diego, I hope we will see each other at the Mission of San Gabriel on the upcoming 25th,[16] to the end that we might agree upon the matters of which the Most Excellent Lord Viceroy has entrusted us, to the end that all contingency will be prevented. If you will not be able to confirm our meeting, it has occurred to me to advise Your Honor of the following particulars so that everything can be attested to.

In light of the superior orders of His Excellency on the second of January and the twenty-fourth of May of the year just past, and of that on which the two of us have agreed between ourselves on this subject, I went to examine the Port of San Francisco and the nearby places most conducive to the establishment of the fort, and the two missions that must accompany it. In that inspection I found that in the innermost part of the aforementioned Port, that had not been examined, and at the narrowest part of its mouth (where I left a cross planted in the ground), there is sufficient space for the location of the fort. Indeed, it has various waters very near and it appeared to all of us that they are permanent. And, some two leagues away there is an abundance of

(folio 14v)

green and dry wood from which the necessary palisades for the stockades and barracks can be obtained . There are also better pastures than all the others in these lands, and all in the said interior of the Port. Also, for more proper construction, pine timbers can be brought by mules some five or six leagues from San Andrés Canyon (which I visited) to the indicated principal site. That trip can be made in three days on a good road that is free of the sand dunes over which they have traveled up to now.

In light of this, and of the principal objective for which the expenditures have been made and budgeted for the occupation of the said Port, they aspire to confirm it properly, so it can be guarded by the troop that was appointed for that purpose. It is my opinion that the same site where I left the cross nailed, and

---

[15] This is a perfect example of the difficulties encountered in translating old Spanish documents. This letter was translated six years after its copy in Antepasados IX, without realizing it had been translated previously. No attempt was made to correct this one to fit the earlier one, and while there is little in the actual content that is different, there are some interesting differences in the choice of words and some changes that reflect that there was more background information available during the translating of this letter.

[16] See Rivera Letter #3. Their infamous meeting on the road took place on April 15th, between the date of this letter and the hoped-for meeting on April 25th.

en
el mismo lugar   q.^e dexo clavada la cruz, y há visto
el Th.^e D.ⁿ Josse Joachin Moraga, no faltando (como
jusgamos) la Agua pressisa p.^a beber: en cuia sola
circunstancia separaré mi dictamen, p.^a q.^e se ubique
corr.^{te}
en una Laguna de Agua, que esta á una legua de
este Primer sitio, en lo interior del Puerto,: ó en el
ojo de Agua de los Dolores tambien interior, y savi
do p.^r el mismo ofiz.^l distante del primer sitio dos
leguas.

El ultimo mencionado en la supossicion deno
faltarle la Agua que tiene, puede sufrir alguna siem
bra de riego: y mas interior á media legua, hai
una ancha cañada de buena humedad; todos estos
lugares ban corriendo a la costa del estero q.^e gir
<u>al sur</u>, y p.^a q.^e quando no del todo se verifique q.^e el Fu
erte quede en medio de las dos Miciones, y lo menos, bas
tante q.^e pueda ser, tambien doi mi dictamen p.^a q.^e
en el, se funde la primera, y la segunda en la Cañada
(folio 15)
de S.ⁿ Andres: como igualm.^{te} si le faltan á la primera
las proporciones pressisas; q.^e sea en el sitio de S.ⁿ Pedro Re
galado, el que aunq.^e Yo no vi, me aseguran ser para el
casso el mas immediatto al Fuerte, y cerca dela Costa, q.^e
es una de las particularidades q.^e recomienda Su Ex.ª

Arreglado asus superiores ôrns, y sin separarme
del Espiritu de ellas en lo sustancial, si la nececidad no me
há pressisado en vista delo q.^e hé obcervado sovre el Terreno
produsgo á Vm. mi anterior dictamen, como me orde-
na dho S.^{or} Exmo delq.^e como digo al principio, se servira
Vm. darme el correspond.^{te} acusso p.^a los efectos q.^e me com
bienen.
N.S.^{or} gûe á V.m.^s a.^s Carmelo y Abril 12"de 1776"
Blm.^o de Vm su m.^s seg.^o serv.^{or}
Juan Bap.^{ta} de Anza (rúbrica)

Sor D.ⁿ Fernando de
Rivera, y Moncada

which Lieutenant José Joaquín Moraga has seen, should remain occupied from time to time. It is not lacking (we judge) in the necessary drinking water. In that sole circumstance I will divide my opinion because everything is not yet verified.

There is a lagoon with running water located in the interior of the Port, a league from this first site. Or, there is also water at Dolores Spring, two leagues distant from the first site, also in the interior and known by the same officer.

The last mentioned location, in the supposition that there is plenty of water, can bear some field irrigation. And, a half league further into the interior there is a broad glen with good moisture. All of these places run to the shore of the estuary, which is to the south. The fort would be about half way between the two missions. At least, it would be sufficiently close. I also express my opinion; that the first mission be established at the spring and the second at San Andrés

(folio 15)

Canyon. Equally, if the first is lacking in the necessary space, then the site of San Pedro Regalado will have it. Although I have not seen it, they assure me that for this purpose, it is closest to the fort and also near the shore. This is one of the particulars recommended by His Excellency.

His superior orders having been executed, and without separating myself from the spirit of them in that which is essential, and if necessity did not oblige me to do otherwise from what I have observed of the terrain, I was to give Your Honor my foregoing opinion, as ordered by the said Most Excellent Lord [Viceroy]. As I said in the beginning in this matter, it will serve Your Honor well to provide me the corresponding acknowledgment for the operations assigned to me.

Our Lord keep Your Honor many years. Carmelo, April 12, 1776.
Your most certain servant kisses the hand of Your Honor
Juan Bautista de Anza (rubric)

To Señor Don Fernando de Rivera y Moncada

Rivera Núm. 3
17 de abril de 1776

Bancroft Library, Berkeley, California; C-A 368: 19: Rivera y Moncada, Fernando:
Papeles relativos a su disputa con Juan Bautista de Anza, folios 8-8v

(folio 8)

Sor Dn Juan Bapt.^{ta} de Ansa

Muy S.^{or} mio: Senti mucho que nuestro encuentro fuese
andando y en el estado que ami me cupo pues âmas
del dolor del muslo, en la actualidad llegó â parecerme
no me faltava mi punta de calentura, y de no haver
sido asi dudo de mi execucion en haver pasado para
aca ô retroceder en compañia de Vm p.^{a} S $^{.n}$ Gabriel: pe
ro haviendo llegado a este el dia 15 del corriente el mis
mo en q.^{e} nos ablamos, reduciendome â la cama con
tres unturas que me han aplicado de cierta yerva
he logrado mejoria, por eso y por la cortedad del ti
empo oy antes del medio dia me he puesto empie
con la esperanza de que se destierre el dolor. y el 19 del
(folio 8v)
presente ponerme en camino siguiendo las huellas de Vm
espero merecerle que pues tratamos asumptos tan impor
tantes y propios de nuestro exercicio, que si no tengo la co
yuntura de alcanzarle andando, se dará una migaja de
tiempo â esperarme, seguro de que no le haré mucha
mala obra, pues caso que por el camino me cargue el dolor, y me impida el seguirlo, con correo daré devido aviso
â Vm en S $^{.n}$ Gabriel es donde pido si es posible se sirva Vm
que nos veamos
    Celebraré que en su caminata no haya experi
mentado Vm novedad en su salud ofreciendo muy â
su disposicion la tal cual con que me hallo inter ruego â
N.S. gûe a Vm m.^{s} a.^{s} Monterrey y Abril 17 de 1776
    Fern.^{do} de Riv.^{a} y Moncada

Rivera No. 3
April 17, 1776

Bancroft Library, Berkeley, California; C-A 368: 19: Rivera y Moncada, Fernando:
Papers relative to his dispute with Juan Bautista de Anza, folios 8-8v

(folio 8)

Señor Don Juan Bautista de Anza

My Dear Sir: I am very sorry that our encounter was on the move and in the condition that you found me.[17] Indeed, beyond the pain in the thigh from which you saw me suffering at the time, my high fever had not left me. If this had not been so, I doubt my performance in having gone there or having returned in Your Lordship's company to San Gabriel. However, when I arrived here on the 15th of this month, the same day on which we spoke, I was confined to bed. After three applications of a certain herb that they applied to me, I have gotten better. Because of that and due to the shortness of time l got up on my feet today before noon with the hope that the pain would subside. And, on the 19th of

(folio 8v)

the present month I will take to the road, following Your Honor's tracks. I hope it will be worthwhile for us to deal with the most important and proper topics of our operations. If I do not have occasion while following you on horse back, will you set aside a tiny bit of time to wait for me, secure in the knowledge that I will not cause much harm. Indeed, in case I am burdened by pain on the road and am impeded in following you, I will provide the proper information through the mail to Your Honor at San Gabriel. That is where I ask, if possible, that we should meet if it serves Your Honor's purposes.

I will celebrate that on your journey Your Honor may experience no trouble with your health, thus greatly building your fitness. For this I am always found petitioning Our Lord to keep Your Honor many years. Monterey, April 17, 1776.

Fernando de Rivera y Moncada

---

[17] See Anza Letter #8, beginning paragraph. Compare also with Anza 9, 12, and 17, and Rivera 4 and 11.

Anza Núm. 7

20 de abril de 1776

Bancroft Library, Berkeley, California; C-A 368: 19: Rivera y Moncada, Fernando: Papeles relativos a su disputa con Juan Bautista de Anza, folios 32-32v

(Respuesta a la carta #1 de Rivera, fechada el 28 de marzo de 1776)

(folio 32)

Muy S.^{or} mio. En contestacion de la carta mista de Vm de 28 del pasado ultimo, digo asu primer contenido, que yo no le propuse en la mia de 20 de Febrero que me regresaria â ninguno de los sirvientes de mi Expedicion que desertaron y apreso el Th.^{e} Moraga, paraque me diga los otros dos hará Vm bien de llevarselos no suceda que repitan â los cinco destino sino se han justificado â los Trabajos del Fuerte de Sn Fran.^{co}, hasta nueva resolucion de S. Ex.ª y de la mia no desisto por ningun motivo: pues seria hacerme acrehedor â un severo castigo.

Al seg.^{do} digo, que como es de mi obligacion informaré â S. Ex.ª el estado en que dejo estos establecim.^{tos} conque cumpliré igualmente el encargue de Vm.

Doy â Vm repetidas gracias por el favorable concepto que le merezca en tercer Capitulo, bienque conozco no llegar en mucho â lo que se sirve honranme; y que si he practicado algun asumpto de utilidad no ha sido obra mia si execucion de las prudentes re soluciones de nrâ Superioridad, quien solo ha errado en ponerme âmi de Executor de ellas.

Al quarto Digo: que aunque si senti no corres pondiese Vm âmi confianza en haverle manifestado lo que escrivia â S. Ex.ª como era regular entre dos que lo hacen de un propio asumpto, y corren con buena armonia no fue tanto que por esta falta pasara â cosa mayor, ni apresumir ayga Vm. expuesto cosa contraria: pero con todo, y el poco

(folio 32v)

y el poco favor que se hace de su modo de escrivia, que no pasa adelante de vorrones y verdades: â que tamb.^{n} en se reducen los mios; hubiera no obstante celebrado esta correspondencia.

Anza No. 7
April 20, 1776

Bancroft Library, Berkeley, California; C-A 368: 19: Rivera y Moncada,
Fernando: Papers relative to his dispute with Juan Bautista de Anza, folios 32-32v

(Response to Rivera Letter #1, dated March 28, 1776)

(folio 32)

My Dear Sir: In answer to Your Honor's mixed letter of the 28th
of last month, I say to your first point that I did not propose in
mine of the 20th of February that any of the servants of my
Expedition who deserted and were jailed by Lieutenant Moraga
should be returned to me. I say this because you said to me that,
"Your Honor will do well to take them so that they will not
succeed in doing it again." As to the destiny of the five, they are
only justified in laboring on the Fort of San Francisco. This will
be until there is a new resolution from His Excellency, and I will
not go back on mine for any reason. Indeed, I would be made the
provider of a severe punishment.

To your second point I say that, as it is my obligation, I
will inform His Excellency of the state in which I leave these
establishments and, with that, I will equally discharge Your
Honor's wishes.

I repeatedly give thanks to Your Honor for the favorable
conception that your third paragraph merits, knowing full well
that I have not attained much of that for which I have been
honored. If I have accomplished some matters with utility, it is
not my work but the execution of the prudent resolutions of our
Superior, who alone has erred in appointing me the executor of
them.

To the fourth I say that if Your Honor did not convey
confidence in me in what was manifest in that which was written
to His Excellency, that is normal between two people involved in
the same matter, and working in good harmony. This lack is not
so bad that it should evolve into a major thing. Neither should
Your Honor presume anything to the contrary, but with
everything, including the little

(folio 32v)

credit that you give your method of writing. You say that it
doesn't go beyond rough drafts and statements of fact. My
writings are also reduced to that. Nevertheless, we should be
celebrating this correspondence.

El quinto me impone de los motivos que tubo
para no responderme â la que le degé en S.ⁿ Gabriel
de regreso de mi primer viage: en cuyo particular
solo me queda que sentir, no ocupase mi inutilidad en
Mexico para donde suplicava â Vm me respondiese:
cuyo asumpto principal en ella insinuado bien consta a Vm le hera mas interesante que âmi, el que
haviendose verificado no obstante se lo agradezco.

Ygual expresion que merezco âVm por ultimo de su citada, reciva Vm demi afecto y sacrifique
me en su servicio seguro de que le complacere en
quanto valga, y pueda.

N.S. gûe a Vm m.ˢ a.ˢ Mision de S.ⁿ Luis y Abril
20 de 1776.

Blm.º de Vm su m.ˢ Seg.º Serv.ᵒʳ

Juan Bap.ᵗᵃ de Ansa

S.ᵒʳ D.ⁿ Fern.ᵈᵒ de Riv.ᵃ y Moncada

(rubricada por Fernando de Rivera y Moncada)

In the fifth paragraph you advise me of the motives you had for not responding to the letter I left at San Gabriel[18] on my return from my first trip. In that particular I am only moved to tell you not to occupy yourself with my useleness in Mexico where I asked Your Honor to respond to me. I certify that the principal subject covered in that letter would have been of more interest to Your Honor than to me. That having been confirmed, I nevertheless thank you for your explanation.

With equal expression I am indebted to Your Honor for your last cited letter. Receive my affection, Your Honor. I will sacrifice myself in your service. You can be certain that I will please you in whatever I am worthy of and can do.

Our Lord keep Your Honor many years. Mission of San Luis, April 20, 1776.

Your most certain servant kisses the hand of Your Honor
Juan Bautista de Anza

To Señor Don Fernando de Rivera y Moncada
(signed with the rubric of Fernando de Rivera y Moncada)

---

[18] Missing Anza Letter from his first expedition in 1774.

Anza Núm. 8

20 de abril de 1776

Bancroft Library, Berkeley, California; C-A 368: 19: Rivera y Moncada, Fernando:
Papeles relativos a su disputa con Juan Bautista de Anza, folios 20v-26

(Informe y Respuesta a la carta #2 de Rivera fechada el 2 de abril de 1776)

(folio 20v)

Muy S.^r mio: El impolitico modo con que se separo
Vm. de mi el dia 15" del actual, quando el mio apenas havia concluido las primeras palabras de
la buena crianza, y urbanidad pudiera ser motivo suficiente p.^a oviar toda comunicación con
su propio proceder; pero estoi lexos de esta, quando en su desatención hesido yo el menos paci-
ente, y si el servicio de su Mag.^d y superior.^d ôrns
de su Excmô virrey: para cuias causas no omi-
to el responder a su carta fhâ en el Presidio de
S.ⁿ Diego â 28" de Marzo ultimo anterior di-
rijidas ami p.^r su sarg.^{to} Gongora, q̂ marcha-
va para el efecto una legua abansada; pero an-
tes de executarlo le dire de passo, en obsequio
del R.^l servicio sitadas ôrns de su Excâ y para
abatimiento de la vana gloria q̂ puede aver
tenido en su enunciada despedida, q̂ solo la
puede aver executado quien ignora el valor
del servicio del Rey, y subordinación asus R.^s
ôrns y q.ⁿ siendo menos en caracter de oficial,
y otras circunstanc.^s presume desairar â otro
q en lo propio de excede en mucho; pero q̂ ai
q admirarse de todo lo dho. quanto ha sucedido
en un Pais, donde en cierto modo parece se ha
querido practicar lo propio con el Rey de Cielos
y tierra, y privarle los pocos cultos, y reverenci
as q̂ le rinden los hombres: como sucedio poco
haze mas de año en la Miss.ⁿ del Carmelo, donde

(folio 21)

el sitado sarg.^{to} fue aquitarlo (con escandalo chri
-stianos nuevos y viejos) la Guardia q̂ le hacian
en el monum.^{to} p.^r obligac.ⁿ de soldados, costum-
bre antiguissima en todo Pais interior fronte-
riso, y demostracion catholica: de cuio remar-
cable herror no ignorado p.^r Vmd su Com.^{te}
nose hadado la satisfacion correspond.^e lo
q acredita no mandar aquí las reales ôrns
sino el capricho, y despotismo del q̂ govierna-

Anza No. 8
April 20, 1776

Bancroft Library, Berkeley, California; C-A 368: 19: Rivera y Moncada,
Fernando: Papers relative to his dispute with Juan Bautista de Anza, folios 20v-26
(Response to Rivera Letter #2, dated April 2, 1776)

(The small, bold numbers in parenthesis represent paragraph numbers in Rivera Letter #2 that this letter addresses)

(folio 20v)

My Dear Sir: The impolite manner in which Your Honor parted from me on the 15th day of this month,[19] when my first words of good manners and politeness had scarcely been concluded, could be sufficient reason to stop all communications from properly proceeding. However, I am far from this [incident], when I was less patient with your inattention and more concerned with His Majesty's service and the superior orders of His Most Excellent Viceroy. Because of those things I do not omit the response to your letter dated the 28th of March, just passed, at the Presidio of San Diego and directed to me by your Sergeant Góngora, who was truly traveling at top speed. However, before writing it, I will briefly say this in obedience to the Royal Service [and] cited orders of his Excellency, and to discourage the vain glory that might have been had in your said departure. Only one who ignores the worth of the King's service and subordination to his royal orders, one whose character is less than that of an officer and other conditions, one who slights another who has properly excelled in many things, could have executed such a maneuver. However, there is one who admires all the above. How much have you succeeded in a country where, in a certain way it seems, you have desired to practice the same with the King of Heaven and Earth in depriving Him of the little adoration and reverence rendered Him by men. A little over a year ago in the Mission of Carmelo

(folio 21)

the said sergeant went to remove (to the scandal of old and new Christians) the guard provided for the altar by a very ancient obligation assigned to soldiers in all the interior frontier country and by Catholic custom. His remarkable error was not unknown to Your Honor,[20] his commander. The corresponding satisfaction has not been given.[21] This is affirmed not so much by your refusal to command by the royal orders here, but rather the capriciousness and despotism by which you govern

---

[19] See Rivera Letter #3. See also Rivera's response in Rivera Letter #12, middle of folio 27

[20] Rivera claimed the incident was known to him. See his explanation in Rivera Letter #12, end of folio 27.

[21] Rivera claimed recompense had been made. See postscript, Rivera Letter #4. See also Rivera Letter #12, folio 27v, first full paragraph.

los hechos referidos assi lo acreditan, sus sobor-
dinados bien lo publican, y los ofic.ˢ de Marina
q no ha mucho se fueron, y tuvieron la desgracia qˆ yo; de venir â contextar con Vm. segun
publica voz, experimentaron lo propio; por
lo qˆ se atraso el servicio; como por la despedida
q. me hizo ami tambien sucedera lo mismo,
con lo qˆ hasido ocioso nos enbrase âqui la superioridad; para expusiessemos nrôs dicta-
menes quando no hade prevalezer otro, qˆ el
suio, y qˆ es el qˆ unicam.ᵉ hade adelantar, y
concervar estos establecim.ᵒˢ como en efecto
bien se manifiesta en el dia.

El primer contenido de la ultima sitada de Vm como cumplim.ᵗᵒ de carta amistosa, es escusada
su contextac.ⁿ en lo qˆ puram.ᵗᵉ pertenece â oficio: cuias distinc.ˢ tengo practicadas con Vm.

Al segundo me dice Vm. qˆ en la mia de 13 de
Marzo aq me contexta, letoca un fuerte assum-
to sobre el q, y por el qˆ se esmera en hazerme
honrras qˆ no meresco; pero como remata
en confesar qˆ lo s̲o̲r̲p̲r̲e̲h̲e̲n̲d̲i̲o̲, y a̲t̲u̲r̲d̲i̲o̲ n̲o̲
p̲o̲c̲o̲ se me hace presisso aclarar aqui qˆ no
es assunto en qˆ le participase en ella qˆ con
desdoro se huviese perdido algun establecim.ᵗᵒ
de estos qˆ estan asu cargo, y con el su honor
q son los unicos motivos por qˆ atodo oficial le
(folio 21v)
puede acahecer tales fatalidades; pero fue tan
al contrario, qˆ mi propuesta hecha en ella parece
q debe lisongear a todos los qˆ con selo, actividad tenemos lo honrra de servir al Rey, y contribuir al adelante de la verdadera religion: pues se
reduce asuplicarle se verifique el establecim.ᵗᵒ y
ubicacion del Fuerte qˆ debe guardar el Puerto de
S.ⁿ Fran.ᶜᵒ en el supuesto de estar ya en Monterrey lo mas de la Tropa qˆ viene â este efecto: particular interestante ala Monarchia, â todo este
Reyno, y decoroso ala Nacion española: y por tan
to me ofresco en dha sitada â hirlo â efectuar,
sin pedirle p.ᵃ ello qˆ dejase los assuntos qˆ estava
manejando en S.ⁿ Diego, ni mas Tropa, qˆ la indicada con la qˆ p.ᵃ mi hera sobrada, assi entendido, y mucho mas despues qˆ hecho el examen
y reconocim.ᵗᵒ del mencionando Puerto Gentiles
q le sircundan, y otras circunstancias reprodus-
go âVm (tenga el efecto qˆ tuviere) el dictamen

these acts. It is thus affirmed by your subordinates, who speak freely of it, and the naval officers, who left after little [association with you] but who were treated to the same enmity as me upon coming to deal with Your Honor. According to public voice they experienced precisely that, because their service was obstructed. And your dismissal of me will also succeed in the same thing. With that over which you have been negligent, here you convey superiority. Where we should give our opinions [jointly] none other but yours prevails. [These opinions] have unanimously been to advance and conserve these establishments, which, in effect, is well manifest every day.

(1)   The first [paragraph] contained in the last cited letter of Your Honor, as a compliment in a friendly letter, is an apology for its answer which purely pertains to official business. I have covered its distinct points with Your Honor.

(2 & 3)   In the second [paragraph] Your Honor tells me that in my letter of the 13th of March, which you answer, I force a vigorous business upon you, according to which and by which you take great pains to heap upon me honors that I do not deserve. However, you end by confessing that you were "surprised and not just a little stunned." Let me expressly clarify that this is not a business that one participates in half-heartedly. If some establishment should be lost because of these things of which you are in charge, and with it, your honor, these are the only means by which such fatalities

(folio 21v)

can happen to any officer. Very much to the contrary, however, the proposal I made on this matter has to flatter all those who have the honor of serving the King with zeal and swiftness, and who contribute to the advancement of the true religion. Indeed, it comes down to a request that you verify the establishment and location of the fort that must guard the Port of San Francisco, in the supposition that most of the troop that came for that purpose is already now in Monterey. This is particularly useful to the Monarchy, to this entire Kingdom, and very exalting to the Spanish Nation. Therefore, I offered in the said communication to go there and accomplish it without asking you to leave the tasks that you were managing in San Diego, or for more troops than those indicated, which would have been audacious of me. Understanding this and much more about the Indians and other circumstances that surround it after we made the examination and reconnaissance of the aforementioned Port, I extend to Your Honor (so you will have what you actually should have) my opinion

q sobre el particular le tenga expuesto con fha
de 12" del actual alq no me ha contestado por
escrito, y escusado hacerle aun vervelm.^te cuias pessimas resultas seran â solo el cargo de
Vm: pues por mi parte no he faltado â concurrir a todo lo concerniente â ello. Passando como
passe al examen referido, y haviendo sitado âVm
en mi ultima sitada (como teniamos acorda-
dado) para q̂ nos viessimos en S. Gabriel â
resolver este importantissimo particular p.
el q̂ insto, ê instare (ahora q̂ ha dejado Vm. â
Sn Diego) con mas eficacia q̂ antes exponi-
endole q̂ aun en el caso de q̂ le sea precisso
bolver â el, y reforsase de alguna Tropa ma[s]
tengo por suficiente la mitad de la q̂ he conducido para efectuar tal Establecim.^to y si
pareciere q̂ esto no es mas de proponer
                    (folio22)
al aire, tomo yo siempre q̂ seme destine â hacer este merito; perder mi honor sino cumplo
lo q̂ ofresco: pues sentir lo contrario teniendo ia aqui el Superior Govierno, y sus sabias
providencias, adelantados los viveres, y otros
utiles con q̂ auxiliar, el prozepto: seria proceder sin el, faltando a la confianza q̂ de mi
se ha hecho, y hazerme acredor â ser respon
-sable de todos los gastos q̂ se han erogado p.^a
hazerlo asequible.

        Con lo dho anterior tambien satisfago al
tercer capitulo de la sitada de Vm.

        En el quarto me refiere la posdata de dha
sitada mia en q̂ le doi la noticia de la resolucion de los R.R.P.P. destinados a las Miss.^s del
P.^to de Sn Fran.^co y mi sentir sobre ella, lo q̂ execute con el fin q̂ indico aVm: pues no dudo
q seria, y sera pesaroso p.^a su Excâ su regreso
â Mexico quando oi estara creiendo q̂ ya estan
en Possession de su destino: y se puede escusar
este sentim.^to como tambien los gastos q̂ hari.^n
otros, en venir, y lo q̂ es mas, el atraso de la
combercion de Gentiles porq tanto annela
la incomparable Piedad del Rey y de su Ex.ª

        Al quito digo q̂ repito lo mismo q̂ expongo
al
principio del segundo capitulo de esta: pues no
le he dado noticia en desdoro suio; y antes si, me
parecio le complaceria en mi propuesta; pero
si esta lo hizo no estar gente todo el dia 31" ala
fuerza del crecido desconsuelo de verse sin talentos

on that particular that I had put forward on the twelfth of this month. You have not answered it in writing and have excused yourself from doing it, although verbally. The very bad consequences that result will be your burden alone. Indeed, for my part, I have not neglected contributing everything to it. Completing, as I did, the examination [of the Port], I have informed Your Honor in my last cited letter (and we still have to resolve this), that we should see each other in San Gabriel to resolve this most important particular. I, who pressed the point, and will press it (now that Your Honor has left for San Diego) with more efficacy than before, will explain that even in this case, it will be proper to return there and reinforce it with some more troops. I think that half of those I brought to put the said establishment into execution will be sufficient. And, if it appears to me that this is no more than an idle

(folio 22)

proposal, I always undertake what I was sent to do in this virtuous [assignment] and I will lose my honor if I do not complete what I offer to do. On the contrary, however, I feel that since the Superior Government is already established here, with its wise foresight it will advance the provisions and other useful things for assisting the project. Would you proceed without it, lacking the confidence that others have placed in me, and make me the creditor to be responsible for all the costs that have been distributed to make it attainable?

With the foregoing, the third paragraph of your Honor's cited letter has also been answered.

(4)   In the fourth paragraph you refer to the postscript of my cited letter,[22] in which I give notice of the resolution of the Reverend Fathers destined for the missions of the Port of San Francisco and my feelings about it. I wrote that with the intent of informing Your Honor. Indeed, I do not doubt that their detention in Mexico would be, or that it will be, sorrowful for His Excellency when I have heard that he will believe that we are already in possession of their destination. He can excuse this sentiment, as also the costs others have incurred in coming, and what is more, the postponement of the conversion of the gentiles, because the incomparable piety of the King and His Excellency so anxiously desires it.

(5)   Concerning the fifth paragraph I say that I am repeating what I explain in the first part of the second paragraph of this letter. Indeed, I have not given anyone notice of your dishonor. It even seemed to me earlier as if you were pleased with my proposal. If this had been so, there would not have been people all day on the 31st concerned with the strength of the growing affliction, seeing you without talent

---

[22] See Anza Letter #4, postscript, folio 11v.

consejo, ni aquien consultar si, solo la corta
esperiencia luz, y conocimiento de un mal
soldado: atales expreciones dire, q̂ quien
no haia visto el origen de q̂ se derivan: pen-
saran q̂ pruduce aVm. algun assunto inau-
dito, ê imposible: pero estan al contrario
(folio 22v)
como ya tengo antes expuesto, y tan facil de
practicarlo q̂ con ser q̂ yo no me reconosco
con la experiencia q̂ Vmd mê indica, me
ofresco a verificarlo, sin temer q̂ en ello me
pierda, creiendo q̂ no soi tan enemigo de mi
propia q̂ solicite ocasiones en q̂ lo consiga; y
si merito, y ventajas en la carrera q̂ tengo el
honor de servir.

      Ympuesto delo q̂ me responde Vm. en su sex
-to capitulo digo, q̂ en parte es conforme
alo q̂ tratamos anrâ primera vista en
S.ⁿ Gabriel, y en el supuesto de q̂ aunq yo huviera querido seguir inmediatam.ᵗᵉ con mi
expedicion p.ᵃ Monterrey, no hera conse-
guible, en el estado en q. venian todos sus ga
-nados, y faltando los auxilios (q anticipa-
damente) havia pedido a Vmd. como tambien
por el actual tpô de lluvias q̂ me informo
Vm. impedirian mi transito, junto con las creci-
endos de los Rios, y q̂ Vm. no hera posible por
lo acaecido en S.ⁿ Diego q̂ concurriesse al examen del P.ᵗᵒ de S.ⁿ Fran.ᶜᵒ para q̂ acordassemos
su Possession, como senos ordena. Todo lo dho
passo antes de mi dictamen q̂ dia Vm. q̂ en
efecto fue de q̂ viendome precisado ademorarme
de todos modos en S.ⁿ Gabriel p.ᵃ poder seguie adelante passassemos â S.ⁿ Diego (en interserg¹ or-
savan las cavallerias de la expedicion) â soli-
citar el castigo de los revelados, q̂ consiguien-
dolo en poco tpô, nos regresariamos ambos
para terminar nrâ comission, y deno, yo
solo, q̂ es constante no fuimos de para un
mes. Me ofreci a las salidas q̂ se hizieron con
-tra dhos rebeldes, y con este intento salimos
(folio 23)
y llegamos â S.ⁿ Diego: tomo Vm. las declaracio-
nes q̂ le convinieron, y de ella resulto q̂ resolviesela
primera salida contra los rebeldes lo q̂ es verguenza decirlo, un sarg.ᵗᵒ q̂ prefirio a dos Capitanes
y estos con la Tropa q̂ debe reputarse mas vete-
rana (como lo tiene declarado su Mag.ᵈ en su

58

as a counselor nor anyone to counseil you, indeed, with soldier. To all these expressions I will say that whoever may not have seen the origin from which they are derived will think that Your Honor is generating an unheard of and impossible subject, that on the contrary, however,

(folio 22v)

as I have already expressed, would be so easy to accomplish with what there is - something that I do not recognize with the experience that Your honor indicates to me. I offer to prove it without fear that I will be consumed by it, believing that I am not such an enemy to myself as to solicit occasions in which to obtain such things if I merit the advantages of the career I have the honor to serve in.

(6-9)   Imposed upon by Your Honor's response in your sixth paragraph, I say that it conforms in part with what we discussed at our first meeting at San Gabriel, and in the supposition that, although I had wanted to continue immediately with my expedition to Monterey, it was not possible due to the condition that the cattle were in, the lack of assistance that (in advance) we had asked from Your Honor, as well as the fact that it was the actual rainy season, which, in conjunction with the swollen rivers, Your Honor informed me would impede my passage. And it was not possible for Your Honor to go because of the uprising in San Diego that coincided with the examination of the Port of San Francisco, in which we were supposed to agree on its possession as we were ordered. All of the above occurred before I gave Your Honor my opinion, which was, in effect, that my coming to San Gabriel was for the precise reason that everyone would lay over there in order to be able to continue forward. We would go to San Diego (in the meantime riding the horses of the expedition) to seek punishment of the rebels. After very little time we would both return to complete our commission, and not just me, by myself. However, it is apparent that we did not leave for a month. I offered to go on the incursions that were made against the said rebels and with this intent we left for

(folio 23)

and arrived at San Diego. Your Honor took the corresponding declarations, from which resulted the decision for the first action against the rebels. In that action, I am embarrassed to say, you preferred a sergeant [as its leader] over two captains -- and these with troops well known for their greater experience (as having been declared by His Majesty in his

59

nueva R.^{l} instrucion de Presidios internos) se
quedaron â cuidar del Quartel, y cavallada.
Passe por esto creyendo saldriamos otra oca.^{n}
y nunca me lo propuso, sino fue alguna ver-
ante poniendo la escases de cavallerias, quando
en la realidad no la havia total: pues en mulas
bien se podria haver montado la Tropa q̂ le fal-
tassen cavallos. Y haviendonos puesto dos capitanes con quarenta soldados sobre los re-
veldes âno se huviera adelantado; en unos Yndios q̂ les causa terror panico el relincho, ô re-
busno de un cavallo, ô mula; pero de esta for-
malidad nose acordo la esperiencia de Vm. y
solo si, de q̂ repitiesse el Sarg.^{to} htâ tercera vez
lo q̂ no quize iterrumpirse con mi justa recon-
verion por no atrazar mas el servicio como
por q̂ me persuadi naceria lo dho de ignorancia
del lo q̂ no havria passado de lo contrario, y a saber
no la tiene Vmd. para disponer sobre las q̂ la
dictado su Ex.ª en las q̂ no hemos conferido por
negarse a ello, como esta expuesto al princip.^{o}
de esta.

Resueltas por Vm. las salidas del Sarg.^{to}
trate yo de salir de Sn Diego, para proseguir
mi comission por lo ami tocante: conveni-
mos en q̂ quedasse toda mi expedicion en S.^{n}
Diego y S. Gabriel, p.^{a} q̂ prosiguiesse auxili-
ando âVm. q̂ me acompañasse el Then.^{e} Moraga al examen de Sn Fran.^{co} q̂ si entre tanto concluya Vm. Felism.^{te} el assunto de Sn Diego
(folio 23v)
subiria Vm. con toda mi expedicion hta encon
-trarnos en S. Luis para q̂ q yo abriesse cami
-no de el en derechura p.^{a} la Sonora; y q̂ de no
avisase aVmd de mi regresso a Sn Gabriel p.^{a} q
confiriessemos sobre lo q̂ yo examinara, p.^{a} lle-
var noticia de todo a su Ex.ª aq.^{n} htâ este punto
assi se lo tenemos expuesto: en cuia ocas.^{n} (sino
se ha olvidado Vm.) le dixe q̂ no expusiesse
â dho Sor Excmô se dilataria mucho la ocupacion delopetecido P.^{to} por q̂ le seria sensible.

Passado lo dho y remitidos nrâs cartas ê in-
formes ocurrio la nov.^{d} de no poder subsistir mi
expedicion en Sn Gabirel; y acordamos subie-
sse yo â Monterrey con la mas: en cuia ocasion
y mi propartida de Sn Diego me confirio Vm. sus
facultades p.^{a} q.^{to} quisiesse disponer en cuia virtud, he usado de ellas con el maior agradecim.^{to}

new Royal Instructions for Internal Presidios) who remained behind in the care of the barracks and extra horses. I passed over this in silence and proposed no alternative, thinking that we would march out in pursuit on some other occasion. However, there is another discrepancy involving the shortage of saddle mounts. In reality you have not [presented] the whole story, because of the mules the troop could have ridden if they were lacking horses. And if you had placed two captains with forty soldiers over the rebels they would not have advanced [against us]. When a few Indians caused terror, you panicked over the whinnying of a horse or the braying of a mule.[23] However, concerning this unresolved behavior, it was Your Honor's idea, and yours alone that repeatedly sent the sergeant out, even to the third time. I did not want to interrupt things with my just accusation, so as to not further impede the service, because I was persuaded that the above was born of ignorance. In this, there were no indications to the contrary and I knew that Your Honor had no desire to make any arrangement to oppose matters His Excellency had dictated without our first having conferred upon it, as explained in the beginning of this.

These raids by the sergeant had the result for Your Honor that I decided to leave San Diego to execute my commission as was expected of me. We agreed that I should leave all my expedition in San Diego and San Gabriel so they could continue assisting Your Honor, and that Lieutenant Moraga should accompany me on the reconnaissance of San Francisco. If, in the meantime, Your Honor was to successfully complete the business in San Diego

(folio 23v)

you should come up to meet me at San Luis, because I was supposed to open the direct road from there to Sonora and, in case I did not notify Your Honor that I was returning to San Gabriel, we could concur on what I had seen. That way I could take a full report to His Excellency, to whom we would have to explain everything up to this point. On that occasion (if Your Honor has not forgotten) I said that we should not explain how the longed for occupation of the Port had been delayed so much to the Most Excellent Lord [Viceroy] because it would be the sensible thing to do.

After going beyond the above conversation, and having sent our letters and reports, an obstacle developed in that my expedition would not be able to subsist at San Gabriel. We decided that I should go up to Monterey with most [of the expedition members]. On that occasion and at the time of my departure from San Diego Your Honor conferred upon me your authority because I should want to act only by virtue of it. I have used it with the greatest appreciation.

---

[23]Anza here refers to what would have happened if the mules had been removed from the mare pasture, which Rivera refused to do. See Rivera Letter #12, folio 29, first full paragraph.

61

Encontre en S.ⁿ Gabriel la noticia de la Decercion del soldado, y sirvientes, como de q̂ havia
hido â seguirlos el Then.^{te} Moraga lo partici-
pe todo aVm. y providencio lo q̂ me parecio
convenir. Sali de S.ⁿ Gabriel, llegue â Monterrey
remiti aVm. de el, los soldados q̂ me encarga
va: le di aviso del regresso del Then.^e Moraga
y destino q̂ les dava a los Decertores q̂ a presso. Viendome en dho Press.^o con lo mas de la
Tropa destinada â S.ⁿ Fran.^{co} y con desseo de terminar su destino; hize aVm. mi desgraciada
propuesta suplicatoria de 13" de Marzo, ya
indicada y esta es la q̂ privo aVm desergen-
te todo, un dia, lo sorprehendio, y aturdio no poco; assi me lo confiessa Vm. y no hallo razon en
mis cortos alcances para tales sucessos: pu
-es por las facultades q̂ trahigo, y la razon ya

(folio 24)

expuesta de estar en Monterrey con lo mas de la
Tropa p.^a aquel destino q̂ ya variava de lo q̂ ultimamente teniamos expuesto asu Ex.ª justa
y debidam.^e la hizo âVm. considerandolo refor
-zado en sus operaciones con q̂ en esto no falte
como me quiere Vm. arguir en el dezimo capitulo de la suia, a lo q̂ haviamos assentido ambos,
ni alo informado asu Ex.ª quien como tan acti
-vo en el R.^l servicio es regularissimo me hizie-
sse cargo de el p.^r q̂ no solitite la execucion de sus
ôrns q.^{do} ya la maior porcion de los soldados q
los deben hacer verificativas se hallavan ala
Puerta; teniendo en su Then.^e quien los dirija en ausiencia de Vmd con lo q̂ ya nada faltava, sino su total resolucion q̂ hasido la q̂ soli-
        >Vm.
cite de   ^   p.^r mi parte.

    Vea Vmd aqui si en consideracion de lo dho
no havia de dar aVm. distinto dictamen, como
lo hare tantas ocasiones, q.^{to} varien las circunstancias; pero sprê procurare separarme lo
menos q̂ pueda del espiritu de las superiores
ôrns y mucho mas en las q̂ son terminantes,
como para mi lo es la presente de q̂ tratamos;
y por lo tanto me confirme p.^r mi parte q̂ nada debe retardarse, y cumplirse q.^{to} antes sea-
dable: cuia execucion y no otros motivos, que
parece quiere Vm. suponer, y me preg.^{ta} en su
enunciado capitula 10" es el q̂ me ha movido,
y mueve alo q̂ le escrivi en la mia de 13"del

In San Gabriel I received news of the desertion of the soldier and workers, of whom Lieutenant Moraga had gone in pursuit. I reported everything to Your Honor and ordered what seemed suitable to me. I left San Gabriel and arrived in Monterey. From there I sent Your Honor the soldiers who had transported us. I advised you of the return of Lieutenant Moraga and the sentence I had pronounced on the deserters who had been imprisoned. I came to the said presidio with the majority of the troop that was destined for San Francisco and with the desire to complete their destiny. I made my unfortunate request of the 13th of March to Your Honor.[24] As already indicated, this is the one that deprived Your Honor of your self-esteem all one day. As you confessed to me, you were "surprised and not just a little stunned," but I find no reason in my short writings for such an issue. Indeed, the authority I possess and the reason already

(folio 24)

expressed for my being in Monterey with most of the troops destined for there, has already changed what we last justly and duly reported to His Excellency saying that Your Honor was considered reinforced in your operations. In this I am not at fault. (10) However, Your Honor wants to argue with me in your tenth paragraph about what we have neither agreed upon nor informed His Excellency, concerning who is the most active in the Royal Service. It is very normal that he should have put me in charge of the [operation], because [with me] he does not have to urge the execution of his orders. The major portion of the soldiers that must go to the Port are already there with their lieutenant, who directs them in the absence of Your Honor. With him, they already lack nothing except your total resolution, which has been asked of Your Honor on my part.

See here, Your Honor, if I have not been giving my distinct opinion in consideration to the above, it is because I will have as many opportunities as there are variations in the circumstances. However, I will always adopt measures that will separate me as little as possible from the spirit of the superior orders, and especially those that are definite. To me, that is like what we are presently dealing with. For my part, I am therefore convinced that there is no need for delay and everything that was feasible before should be completed [immediately] for its execution and for no other motives that Your Honor seems to want to suppose. And you ask me in your aforementioned paragraph 10 what moved me, and what moves me, to what I wrote in my letter of the 13th of the

---

[24] See Anza Letter #4.

63

passado con q̂ contexto atodo el.

Si esta solicitud ha causado aVm. tanta nov.^d
ê inquietud; como me manifiesta en su carta
a q̂ contexto: pues todo es respirar pesar p.^r ella.
q juicio quiere Vm. q̂ haga, sino confirmarme
en la noticia corr.^{te} y muy comun de q̂ por su par
-te nose establecera el Fuerte y Miss.^s de S.ⁿ Fran.^{co}
hagase assi; pero vale q̂ oficial, y soldados q̂ vie-
nen â este efecto ya lo han solicitado p.^r mi

(folio 24v)

conducto; por mas q̂ Vm lo sienta, y atribuya esto
como me significa en su posdata, adesgracia suia,
y desamparo estando ya los dhos en Monterrey, y ha
viendo proporcion como la hay, en todos assuntos
p.^a verificarlo, y teniendo ya mi dictamen p.^a lo
propio Vm. respondera asu Exc.^a del retardo como tambien de otros particulares q̂ quedan no
bien evacuados, por haverse escusado aq nos viessemos, y esto q̂ tenia Vm. ôrn de executar, y en
q haviamos quedado acordes, no haviendo motivo para lo contrario; (pues el unico q̂ hay es el
de mi enunciada propuesta favorable al R.^l servicio, y solo contraria alas maximas de Vm.) no
es faltar alo convenido, y proceder â una mudanza tan estraña de nrâ correspondiencia
q queda todo esto escandalizado.

Alos capitulos 11^{o"} y 13^{o"} no tengo mas q̂ decir q
era ocioso remitir a Vm. cavallos de mi expedic.ⁿ
con correos: pues en tal caso y para el numero
q apetece mexor servirian los q̂ el Then.^e Moraga regresso del seguim.^{to} de los Decertores.

En q^{to} alo q̂ Vmd me dize en el 14" sobre la noticia q̂ dio dho oficial del Yndio de S.ⁿ Diego q̂ vio en
la sierra (acomodele a Vm. ô no) solo dire q̂ el autor
es fide digno, tiene honrra, y si expreso la dha fue,
por q̂ un soldado de Vm. dixo conocia al Yndio.
Ympuesto del 15" y 16" digo q̂ doi a Vm. las gracias, no dudandolas obtenga del propio modo de su
Ex^a por la negativa de escolta, viveres, y bestias
hecha por Vm. al venerable Padre Garzes mi
dependiente: pues sus riesgos, y afanes, no se de
dican al servicio de ambos Mag.^s ni al bien de
las conquistas espiritual, y Temporal; nose como piense Vm. sobre este Religioso; pues no
ignora q̂ de ôrn y con permiso de su Ex.ª viaja
en estas regiones, y con todo no aprueba Vm.
el q̂ le ayan acompañado Guias de otras Naciones
estrañas q̂ ya juzga la vienen hazer la Guerra

past month,[25] to which you had an answer for everything.

If this request has caused Your Honor such trouble and uneasiness, as was manifested to me in your letter, then I answer as follows: Indeed, everything about it breathes grief! What wisdom does Your Honor want applied, without corroborating with me, in your latest and very common notice that, on your part, you will not establish the Fort or Missions of San Francisco? Do so, but good-bye to the officer and soldiers that came for that purpose. They have already asked for me to

(folio 24v)

conduct them [there]. Furthermore, Your Honor feels and attributes this, as you declare in your postscript, to your misfortune, leaving the said soldiers now abandoned in Monterey, to adapt to what is there and prove themselves in every matter. You already have my opinion of what is proper for Your Honor to respond to His Excellency concerning the delay, as well as other particulars that remain poorly concluded with the excuse that we should see each other [first]. Your Honor has had orders to execute this in which we have been in agreement. In this you have no reason to the contrary (indeed, the only thing there is, is my announced proposition, which is favorable to the Royal Service and is only contrary to the ideas of Your Honor) not to fulfill what was agreed upon and proceed to an alteration so foreign to our correspondence that leaves all of this a scandal.

(11 & 13) Concerning paragraphs 11 and 13, I have no more to say than it was fruitless to send Your Honor horses from my expedition with the mail.[26] Indeed, in such a case, and for the number that you wanted, you would have been served better by those with which Lieutenant Moraga returned after chasing the deserters.

(14) With regard to what you tell me in the 14th paragraph concerning the news that the said officer reported about the San Diego Indian that he saw in the mountains (whether Your Honor is convinced by it or not), I will only say that the author of that statement should be believed. He is honorable and if he made the said statement it was because one of Your Honor's soldiers told him he knew the Indian.

(15 & 16) Imposed by [paragraphs] 15 and 16 and not doubting that I will obtain a suitable means from His Excellency, I will say that I give thanks to Your Honor for the refusal made by Your Honor of an escort, provisions, and animals for my dependent, the venerable Father Garcés. Are not his perils and anxieties dedicated to the service of both Majesties? Nor are the good of his spiritual and temporal conquests? I do not know what Your Honor is thinking with respect to this religious. Indeed, do not ignore the fact that it is by order and with permission of His Excellency that he travels in these regions. And with all of this, does Your Honor not approve of him? He has had guides from other strange nations to accompany him and you have already assumed that they will certainly come to make war.

---

[25] See Anza Letter #4.
[26] See Anza Letter #3, folio 8.

por cierto q^ si este pensar tuvieran todos los
                    (folio 25)
oficiales q^ sirven al Rey en tales destinos, como
este mantendrian a los infelicos Yndios en
sus continuas guerras assunto repugnante
a la naturaleza, y ala Piedad, con q^ los mua
Nro. Catholico Monarca, y su sapientissimo
Govierno, y Leyes: no son para temer tanto
los Yndios de todas estas partes: y nose como la esperiencia tan decantada de Vm no
ha conocido q^ si nos ven cuidadosos al mi-
rarlos ô tratarlos cobran mas espiritu
del q^ posen por naturalesa.
Con lo q^ Vm. me expone en el capitulo 17" cuidare de q^ no vengan los Yumas â
hazer la guerra alos sercanos: en cuia Nacion (por lo q^ puede importar al servicio) encontrara Vm. en los meses de Maio â Junio, y
de Noviembre â Diziembre q.^{tos} granos Vm.
quiera de trigo en los dos meses primeros;
y mais y frixol en los segundos; q^ se puede
adquerir por abalorios, ô ropas ordinarias
sin ser menester la maior escolta, y esto ultimo prevengo aVm sin perjuicio de su esperiencia.
En q.^{to} Vm. me dize en el 18" respondo q^ sin embargo delo q^ tenemos representado asu Excâ
no convengo estando ya en Monterrey
lo mas de la Tropa q^ debe ocupar el Puerto
de Sn Fran.^{co} en q^ se espere asu resolucion
si no q^ q.^{to} antes de verifique Vm. por si, resuelva lo contrario, y responda solo pues ami
sobre dho particular nome resta q^ dezia
mas de q^ le reproduzgo el dictamen q^ le tengo dado, y remitido por su Sarg.^{to} Gongora
quien delante de testigos me afianzo entrego aVm. las cartas en q^ se incluya. El oficial y
                    (folio 25v)
Tropa q^ por mi conducto, â pedido a Vm. la
ocupacion de su lexitimo destino, se â porta-
do en ello con el ardor q^ el Rey quiere tenga
toda la q^ le sirve; no tiene Vm. q^ sentirse
por su peticion, ni presumir (como me
dize en su posdata) de q^ no le quieren aiu-
dar en sus cuidados: se hallan ya en Monterrey lexos de donde pueden estar asu
lado, si efectivam.^e se les necessitasso lo huviera pedido antes de salir de Sn Gabriel

If this kind of thinking was had by all the
officers that serve the King in appointments such as this, the unfortunate Indians would be maintained in their continuous wars, a repugnant subject to the nature and piety with which Our Catholic Monarch and his most wise government and laws desire to change them. The Indians of all these places are not so much to fear. I do not know how, with such exaggerated experience as that of Your Honor, that you have not known that if they see us carefully looking to them or dealing with them, they gain more courage than they naturally possess.

(17)   With what Your Honor explained to me in paragraph number 17, I will see to it that the Yumas do not come to make war on the neighboring Indians [of San Diego]. In their nation, (because it can be important to the Service) in the months of May and June, and November and December, Your Honor will find all the grain Your Honor could want; wheat in the first two months and corn and beans in the second two. You can obtain these with glass beads or ordinary clothes without any major [military] escort being necessary. I advise Your Honor of this last without any prejudice to your experience.

(18)   Regarding what Your Honor told me in the 18th paragraph, I respond that notwithstanding what we have reported to His Excellency, I do not agree that most of the troop that must occupy the Port of San Francisco is already in Monterey. I would hope for your resolution in this matter, without Your Honor immediately verifying it, yourself, and then resolving to do the contrary and responding likewise, then, to me on the said particular. This leaves me with nothing else to say other than I am reiterating my opinion that I have already given and sent with your Sergeant Góngora who guaranteed me, in front of witnesses, that he would deliver it to Your Honor. Included in those letters is the official list of

(folio 25v)

troops that I brought on government order to Your Honor to occupy their legitimate destiny. They have come on this charge with the valor that the King wants all that serve him to have. Your Honor need not feel by their petition, nor presume (as you say in your postscript), that they do not want to help with your concerns. They are already in Monterey, a long way from where they can be at your side. If you effectively need them, you should only have asked before they left San Gabriel.

pero no aviendo sucedido assi, y estando
ociosos en Monterrey; qˆ estraña Vm. pi-
dan lo qˆ les corresponde; pero como esto
no coinside con su modo de discurrir, nolo
aprueba: y temo qˆ de ello los resulte alg.ᵒˢ
disgustos; para lo qˆ advierto aVm. qˆ antes
de esta ya corria la vos de qˆ mirava con
horror, y alguna embidia esta Tropa p.ʳ
su destino y ventajas, qˆ le franqueo su Ex.ᵃ
cuide Vm de no ponirle cabe en qˆ tropiese
por qˆ no le hade ser facil descreditarla, ni
menos a su oficial qˆ en qualquier lance
no solo lo hade juzgar Vm. ni menos senten
                                    >ser
ciar como al infeliz de S.ⁿ Diego por ^ el prime
-ro de distinta clace, y gose qˆ el segundo: y pues qˆ p.ʳ mi conducto han echo su honrrosa,
y debida solicitud; hagame ami como principal author mas fuego qˆ q.ᵗᵒ alcanza â
hazer la Polvora, cañones qˆ tiene a sus
mando, qˆ yo me sabre defender, y a la enunciada mandele Vm. nosolo accion asequibles
sino dificiles, y temeraria, qˆ yo aseguro q
tendra mas facilidad en practicarlas qˆ Vm
el destinalos â ella.

     Alos demas contenidos de dha sitadas
          (folio 26)
con qˆ concluye Vm. no tengo qˆ contextar, y yo
lo executo por ultimo diziendo qˆ si en oficio no
me expresa Vm en caso de qˆ me embie â alcanzar, ô alcanze con algunos cartas p.ᵃ su
Ex.ᵃ es su assunto darle parte de su resolucion
en vista de mi dictamen de 12" del actual
(sea el qˆ fuere) no las conduzgo: pero verifican
      como
dose ^ insinuo, llevare qualquiera otras, y contribuire a todo q.ᵗᵒ coadivue â este objeto, y demas
en qˆ se interese el R.ˡ servicio, y adelante â estos
establecim.ᵒˢ si me necessita pidiendome por escrito.

     N.S. gûe a Vm m.ˢ a.ˢ Miss.ⁿ de S.ⁿ Luis y
Abril 20 de 1776"   Juan Bap.ᵗᵃ de Anza

S.ʳ D. Fernando de Rivera y Moncada

This not being so, however, they are waiting idly in Monterey, censured by Your Honor because they would have asked such a question. However, this does not coincide with your method of discussion nor do you approve of it, and I fear that it has caused some disgust. Therefore, I advise Your Honor that before this, that voice that you viewed with horror was already being heard and there are some who envied this troop because of their destiny and the advantages His Excellency granted them. Take care, Your Honor, not to put a stumbling block before them because it will not be easy to discredit it. Your officer should not be an exception. Your Honor should not be the only one to judge him under whatever favorable circumstance. Nor should an exception be made of the unfortunate one of San Diego because the first is of a distinct class and is paid more than the second. Because of my conduct they have made their honorable and proper request. You cause me more heat as the principal author than that which follows the igniting of gunpowder in the cannons that you have in your command. I will know how to defend myself and, concerning that statement, Your Honor is commanded not only to attainable action, but without difficulties and rashness. I assure you that Your Honor will have more facility in putting [your orders] into practice than in making designs for them.

I have nothing to say to the rest of what is contained in the said statements

(folio 26)

with which Your Honor concludes [your letter]. I will end by saying that in case you were to send me a subsequent or follow-up [parcel] with some letters for His Excellency, I will not take it if Your Honor does not include an official letter whose subject is to give an account of your resolution in view of my statement on the 12th of this month[27] (this being the information that should go). However, if you verify what you insinuated, I will take whatever other letters and will contribute to everything that will assist with this subject, and whatever else is of interest to the Royal Service and the advancement of these establishments, if I need to, having been asked in writing.

Our Lord keep Your Honor many years. Mission of San Luis,

April 20, 1776.

Juan Bautista de Anza

To Señor Don Fernando de Rivera y Moncada

---

[27] See Anza Letter #6

Anza Núm. 9
21 de abril de 1776

Bancroft Library, Berkeley, California; C-A 368: 17; Anza, Juan Bautista de,
1735-1788: Cartas a Fernando de Rivera y Moncada, folios 16-16v
(Respuesta a la carta #3 de Rivera, fechada el 17 de abril de 1776)

(folio 16)

Mui S.^{r} mio: En contexta-
cion de la de Vm. de 17"del press.^{te} digo: que aunq.^{e} me reconosco libre de toda responsavilidad, p.^{a} no contextar
á Vm. p.^{r} el pasage acahesido el dia de nrô encuentro
no obstante; en obcequio del R.^{l} servicio, me sacrificare
á ello, y en inteligencia de mi condecendencia, combengo en contextar con Vm. solam.^{te} p.^{r} escripto en los azumptos que unicam.^{te} cohincidan al Establessim.^{to} del
P.^{to} de Sn Fran.^{co}.

 Mañana en la tarde salgo p.^{a} la Micion de S.^{n}
Gabriel, endonde se verificara lo que ofresco á
Vm. pero si condusiere al R.^{l} servicio, me lo co-
municara p.^{a} detenerme.

 Tengo respondido á las Cartas de Vm. de
28"de Marzo, y 2"de Abril del press.^{te} año, que
la entregaré en tiempo oportuno, y en ocassion que p.^{r} su azumpto no se interrumpa el R.^{l} serv.^{o} y contextacion, aque comben-
 (folio 16v)
go en obcequio de el.

 Nrô Señor gûe á Vm. m.^{s} a.^{s} Micion de S.^{n}
Luiz y Abril 21"de 1776"

 Blm.^{o} de Vm su seg.^{o} s.^{or}

 Juan Bap.^{ta} de Anza (rúbrica)

Sor Dn Fernando
de Rivera, y Moncada

Anza No. 9
April 21, 1776

Bancroft Library, Berkeley, California; C-A 368: 17; Anza, Juan Bautista de, 1735-1788: Letters to Fernando de Rivera y Moncada, folios 16-16v
(Response to Rivera Letter #3, dated April 17, 1776)

(folio 16)

My Dear Sir:

In answer to that of Your Honor on the 17th of the present month, I say: that even though I consider myself free of all responsibility for not answering Your Honor when we passed each other on the day of our encounter,[28] nevertheless, for the sake of the Royal Service, I will sacrifice to it and, in communication of my compliance, I agree solemnly to answer Your Honor in writing concerning only those subjects on which we concur about the establishment of the Port of San Francisco.

Tomorrow, in the afternoon, I leave for the Mission of San Gabriel, where I will confirm what I offer Your Honor, but if I must conduct business for the Royal Service I will let you know that it has detained me.

I have responded to Your Honor's letters of March 28th and April 2nd of the present year, which response I will deliver at an opportune time and on an occasion when the Royal Service and the reply will not hinder its subject, with respect

(folio 16v)

to which I will comply.

Our Lord keep Your Honor many years. Mission of San Luis, April 21, 1776.

Your certain servant kisses the hand of Your Honor.

Juan Bautista de Anza (rubric)

To Señor Don Fernando de Rivera y Moncada

---

[28] See Anza Letter #8, beginning paragraph, and Rivera Letter #4, folio 9..

Rivera Núm. 4

22 de abril de 1776

Bancroft Library, Berkeley, California; C-A 368: 19: Rivera y Moncada, Fernando:
Papeles relativos a su disputa con Juan Bautista de Anza, folios 9-10
(Respuesta a la carta #9 de Anza fechada el 21 de abril de 1776)

(folio 9)

Sor D.ⁿ Juan Bapt.^{ta} de Ansa

Muy S.^{or} mio: â la oracion de la noche llegaron los tres soldados y me entregó Espinosa el oficio de Vm de ayer 21
del presente â la ora dha no me fue facil ponerme â
escribir sin abrigo de tienda: el tiempo blando y la mano
que aun contra mi voluntad se bulle, detube â los soldados p.^a con el dia hacerlo como lo execute.

    Vm ha estrañado el pasage acahecido el dia de nrô
encuentro, y eso atribuyo será que no ablara âVm
sobre los negocios mismos que me hicieron venir de
S.ⁿ Diego, no esta Vm pues informado del estado enq.^e
yo hiva.

    El Savado de Gloria haviendome acostado bue-
no en la Mision vieja de S.ⁿ Gabriel, al cuarto de tercera
tube la desgracia en recordar erido de un dolor en el
muslo derecho, de suerte que por estar con la sola cubierta del cielo, aquella misma hora me puse empie
y por falta detoda medicina arrimado al fuego
me dieron friegas, desde alli vine malo repitiendo
esta diligencia de noche, y si era necesario tambien
por la mañana.

    El mismo dia que sali de esa Mision me cargó
de tal manera, que â la noche dige en el parage
que si asi me hubiera hallado en la Mision no habria marchado; pero que veria en S.ⁿ Antonio; serian las cinco de la tarde quando me encontró el
(folio 9v)
Sargento Góngora, ya con la noche llegué al ultimo paso del Arroyo de S.ⁿ Antonio, sin pedir remedio pensando
no havia ninguno, viendome como estava y andava
se presentó uno de los q.^e acompañavan al Sargento y me
dijo hiva â curarme con las neblinas de esta tierra, y
sin cubierta me rendí â que me diera una untura de
chuchupate frito en sevo, infiera Vm qual me hallaria
pues me sacrifiqué en aquel desabrigo.

    Omití llegar â S.ⁿ Antonio porque en el dia q.^e me

Rivera No. 4
April 22, 1776

Bancroft Library, Berkeley, California; C-A 368: 19: Rivera y Moncada, Fernando: Papers relative to his dispute with Juan Bautista de Anza, folios 9-10
(Response to Anza Letter #9, dated April 21, 1776)

(folio 9)

Señor Don Juan Bautista de Anza

My Dear Sir: The three soldiers arrived last night during evening prayers, and Espinosa delivered Your Honor's official communication from yesterday, the 21st of the present month. It was not easy for me to get into a position to write at the said hour without the shelter of a tent. The weather is mild and my hand, although against my will, is shaky. I detained the soldiers so they can deliver what I write during the day.

Your Honor has censured our passing [on the road] that came on the day of our encounter.[29] You attribute that to what would be my not speaking to Your Honor upon the same subjects for which I was obliged to come from San Diego. Well, Your Honor is not informed of the conditions under which I was traveling.

On Holy Saturday[30] at a quarter to three, having traveled well beyond the old mission of San Gabriel, I had the misfortune of being struck by a cruel pain in my right thigh. Thus, with only the cover of heaven, I dismounted at that same hour and, due to a complete lack of medicine and being consumed by fire, they rubbed my leg. From then on, I continued repeating this painful business throughout the night and also, as necessary, during the morning.

It was the same day that I left that mission that I was burdened in such a way. I said at that place that night that if I had been in the mission when it struck, I would have never left, but that now I would reach San Antonio. It was about five in the afternoon when Sergeant Góngora

(folio 9v)

met me and that night I arrived on the last leg of the journey to San Antonio, without asking for a remedy because I thought there was none. Coming as I was, and moving along, one of those who accompanied the Sergeant presented himself to me and said that he would cure me with the juniper berries of this land. I submitted myself without a covering so that he could administer an ointment of fried chuchupate in tallow. I am inferring to how Your Honor would have encountered me as I did indeed submit to that nakedness.

I decided not to go to San Antonio because on the day that I

---

[29] See also Anza Letter #8, beginning paragraph.
[30] April 6, 1776. Easter was on April 7th that year.

correspondia entrar, me dijo el soldado Pascual que
salia Vm de Monterrey, y con la esperanza en que quizas por alguna contingencia no se hubiese efectuado, segui apurando demanera, que llegué â la soledad como
â las nueve, ô diez de la noche penetrado de frio, y del dolor tan adelante, que ese Soldado Alexandro de Soto me
parece cogio la pierna, y con esa ayuda pude vajarme
de la vestia; haviendo amanecido cercano â la lum-
bre me cahi de Espaldas, el mismo me ayudó â levantar
y temiendo blandear al tiempo demontar, previne
estubiera otro, inmediato âmi, y el mismo bien echor
me auydó de la pierna, quando la mula metia la
mano en un tusero; ô que falseava de atrás, solia dar
el grito, y un rato caminava estacado, me acalenturé
â mas del muslo me atormentava la caveza.

En ese estado encontré âVm, y ay tiene a dicho Soto, y otros Soldados, si gusta puede informarse. Hallan
dome tal, y haverme separado de S.ⁿ Diego con sola es
peranza de encontrar âVm en Monterrey, que tra-
taramos y asentaramos las Cosas, viendome con Vm
en el Camino, y mi diligencia frustrada, el como me,
(folio 10)
quedé, meta vm la mano en supecho y considereme.

Con la fuerza del sol llegui al toro con un leve alivio
y apenas comí segui p.ᵃ Monterrey, teniendo se pusiera
la neblina, que observé me reventava, llegué entre 5 y
seis de latarde, asi que oscurecio me eché â la cama, me
aplicaron una untura de dha yerva, el dia siguiente Martes 16. 2.ᵃ y por la tarde 3.ᵃ el 17. antes de comer me puse en
pie, y el 18. â las 6. de la tarde marché para acá.

Mi primera intencion fui despachar correo âVm
y al concluirse la carta, oy una especie, que me obligó â ponerme en Camino, con animo deinformarme deVm. y
dar los pasos conducentes. Pero estando ya Vm. tan-
adelantado, regulo por lugar mas al proposito la de
S.ⁿ Gabriel, estaré mas pronto â lo que puede ocurrir
de S.ⁿ Diego, y que si viene el Barco pienso en embarcar los presos mas gravemente culpados, y una providencia que he de dar alli, para lo qual necesito pasen
los 4 soldados que acompañaron al R.P.F. Pedro, y
porque no pusiera su dilacion en cuidado al Then.ᵉ, ya
queda avisado, si Vm gusta que le acompañen hasta
dha Mision dispongalo y deles la orden.

would have arrived there the soldier, Pascual, told me that Your Honor was leaving Monterey. So, with the hope that perhaps by some possibility I would not be affected, I exerted myself so as to arrive at Soledad at nine or ten o'clock at night. I was consumed with cold and such great pain. That soldier, Alejandro de Soto, came and held my leg and, with his help, I was able to get down from my mule. After the sun came up I fell backwards near the fire and the same soldier helped me to get up. Fearing my unsteadiness when it was time for us to mount up, I arranged for another to be next to me, and the same benefactor helped me with my leg, but the mule struck one of my buttocks with his front hoof, hitting me from behind. I let out a cry of pain and had to travel for awhile held up by stakes. I was feverish, not only from [the condition of] my thigh but it was tormenting my head, as well.

It was in this condition that I encountered Your Honor. I had the said Soto and other soldiers there with me. If you would like I can inform you who they were. You found me there, having left San Diego with only the hope of meeting Your Honor at Monterey. We should have discussed and agreed upon things, with me coming with Your Honor on the road, but my diligence was frustrated and I

(folio 10)

remained behind. Your Honor, place your hand on your chest and treat me with respect.

With the warmth of the sun, I arrived at El Toro with some slight relief. I scarcely took time to eat before continuing on to Monterey. Having applied the juniper berries I observed that the swelling was rupturing. I arrived between five and six in the afternoon. So, when it got dark I went to bed and they applied an ointment of the said herb. The next day, Tuesday the 16th, [they applied] the second [liniment], and that afternoon the third. I was on my feet before breakfast on the 17th, and on the 18th I set out for there at six o'clock in the afternoon.

My first intent was to dispatch mail to Your Honor. I completed the letter but heard something that compelled me to take to the road with the intention of informing myself about Your Honor and facilitating the official steps to be taken. However, with Your Honor being so far ahead of me now, I have decided that the best place for this purpose is San Gabriel. I will be more prompt than what can occur at San Diego. If the ship comes, I am thinking of putting the guiltiest of the prisoners on it, and a providence that I have to provide there, because I need to send the four soldiers back that accompanied the Reverend Father Friar Pedro,[31] and because I could not place their delay in the care of the lieutenant. You have already been advised that if Your Honor would like, they can accompany you to the said mission. Just say the word and I will give the order.

---

[31] Friar Pedro Font

Aun fuera de lo que es oficio deseava ablar varias cosas con Vm p.ª mi inteligencia y algun consuelo, de todo me privaré antes defaltar â lo que ya Vm me previene, y procuraré darle gusto en quanto se ofrezca, mandeme.

N.S. gûe âVm m.ˢ a.ˢ Portezuelo y Abril 22 de 1776

Fern.ᵈᵒ de Riv.ª y Moncada

P.D.

En S.ⁿ Gabriel

daré la devida respuesta â la que me entregó Góngora.

Even though it is beyond what is official, I was desirous of speaking with Your Honor about various things for my own information and some relief, all of which I will deprive myself of before not fulfilling that which Your Honor and I agreed upon beforehand. And, I will be happy with whatever you might offer. Your wish is my command.

Lord keep Your Honor many years. Portazuelo, April 22, 1776.

Fernando de Rivera y Moncada

P.S.

I will give the due response in San Gabriel concerning that which Góngora delivered up [in recompense] to me.[32]

---

[32] See Anza letter #8, end of folio 20v and beginning of folio 21. See also Rivera Letter #12, folio 27v, last full paragraph.

Rivera Núm. 5
29 de abril de 1776

Bancroft Library, Berkeley, California; C-A 368: 19: Rivera y Moncada,
Fernando: Papeles relativos a su disputa con Juan Bautista de Anza, folios 10-11v

(folio 10)
Carta de Oficio al Thente. Corl.

Sor Dn Juan Bapt.^{ta} de Ansa

Muy S.^{or} mio: Tengo dado respuesta al de Vm de 21 del pres.^{te}
(folio 10v)
en fha 22 del mismo en el que ofreci tratar en esta Mision
del negocio importante q.^{e} me obligo â separar de Sn Diego
y emprehendiendo viage â Monterrey, y dar devida
respuesta â la que de Vm. me entregó el Sargento fha 12
de dho.

He escrito âvm fue mi primera intencion des-
pacharle correo, y que al concluir la carta oy una es
pecie que me obligó â poner en camino, y aunq.^{e} por
entonces no la tube por cierta; sin embargo, siendo
de tal naturaleza hizo en mi la impresion y efecto
q.^{e} se merece, y es q.^{e} vino en carta al The.^{te} Dn Josef Fran.^{co}
Ortega (y entendi que de arriva y en el mismo Correo)
la noticia, q.^{e} el S.^{or} Exmo se hallava con un Pliego cerrado
del Rey, y ôrn q.^{e} no se abra htâ haverse verificado
el establecimiento de Sn Fran.^{co}, esta es la especie que
me puso en Camino, cierto de que encontraria âVm

$^{\wedge}$desgracia

en el Carmelo ô Monterrey, y haviendo padecido $^{\wedge}$ en
encontrar âVm Caminando, y yo enfermo pasé sin
ablar de este asumpto.

Dejo dicho que no la crehi, y me asistieron varios
motivos. 1.º que de Mexico no tube minima noticia
2.º que ni aqui, en el Camino, ô Sn Diego no oy âVm
la noticia, 3.º el haver hido al Th.^{e} y no âmi, siendo
me parece, â quien deviera haverse dirigido, pero aun
con motivos tan fuertes, me hizo marchar el grave
peso de la noticia; â la que doy ya otro lugar por ha
verla oydo igualmente en Monterrey, y atribuyo
solo âmi corta fortuna que llegase âmi por los rodeos
dichos, y deotra suerte, seguro era que no me hubiera determinado, aun con la necesidad manifiesta
(folio 11)
â que se difiriera el establecimiento del Fuerte, y de hecho
aun no estando concluida la pacificacion de los Yndios
de Sn Diego, desde Monterrey me resolvi â que el Th.^{e} D.^{n}
Josef Joachin Moraga, con el Sargento Grijalva, veinte

Rivera No. 5
April 29, 1776

Bancroft Library, Berkeley, California; C-A 368: 19: Rivera y Moncada, Fernando:
Papers relative to his dispute with Juan Bautista de Anza, folios 10-11v

(folio 10)

Señor Don Juan Bautista de Anza

My Dear Sir: I have given my response to that of Your Honor of the 21st of the present month[33]

(folio 10v)

on the date of the 22nd of the same[34]. In it I offered to deal in this mission with that important business that obligated me to leave San Diego and begin my journey to Monterey. And, I give due response to that which Your Honor delivered to me by the Sergeant on the 12th of the said month[35].

I have written to Your Honor that it was my first intent to dispatch mail to you, but upon finishing my letter I heard something that obligated me to take to the road. Although I did not know for certain at that time, but being of such natural perception, an impression was made upon me that he deserves it. And that is that a letter came to Lieutenant Don José Francisco Ortega[36] (and I understood that it arrived in the same mail) with the notice that the Most Excellent Lord [Viceroy] had found it in a sealed parcel of letters from the King, with orders not to open it until the establishment of San Francisco had been verified. This is the event that put me on the road, certain that I would encounter Your Honor in Carmelo or Monterey, and having suffered misfortune when I met Your Honor while traveling, and being sick I passed you without speaking to this subject.

I left word that I did not believe it, and for various reasons: 1) That I had not received the least notice from Mexico; 2) That Your Honor had not heard the news, not here, not on the road, nor in San Diego; 3) The lieutenant has gone, but not to me. Rather it seems he has gone to whoever must have directed him. But even with such strong motives I conducted my march under the heavy weight of the news. What I tell you already has been known in other places, for it has been heard in Monterey. I attribute it solely to my misfortune that it came to me in the said round-about way. In other [bad] luck, it was certain that I would not have been appointed, even with the manifest necessity

(folio 11)

that I should defer the establishment of the Fort by the act of not having concluded the pacification of the Indians at San Diego. From Monterey I resolved to send Lieutenant Don José Joaquín Moraga, with Sergeant Grijalva, twenty

---

[33] Anza Letter #9
[34] Rivera Letter #4
[35] Sergeant Juan María Góngora. See Anza Letter #6.
[36] See also Anza Letter #10, beginning paragraph, and Rivera Letter #12, folio 31.

soldados, los Pobladores, y los cinco Mozos Decertores se
pase al Puerto de Sn Fran.^{co} De dos Mozos Decertores escrivi se los llevase Vm recelando repitieran, he propuesto
la dificultad al Th.^{e} no la tiene de su parte, y porque su-
pongo conocim.^{to} esta alla nado de la mia quedense enhorabuena.

 Quando marche de Sn Diego me hallava ocupado
la necesidad me hecho fuera, no quedo en estado de que
me pueda retirar, faltavan que apresan algunos Christianos de los antiguos, entre esos el perverso Fran.^{co}
y de los Complices no se havian vajado otros que los
de Sn Luis; necesito hombres p.^{a} Campaña, y guardar
once presos, no ay carcel y varios son principales de
Rancherias. Fundandose el Fuerte se suspenden las
Misiones, por la Razon que para que se retire el Th.^{e}
de Monterrey es necesario deje alli ocho soldados de
los que pertenecen â Sn Fran.^{co} por tener yo p.^{a} aca
quince de aquel Presidio.

 Esta es la providencia que tengo escrito âVm
se me ofrecia dar desde esta Mision. Espero mere-
cer me diga vm su parecer ya que la buena suerte
le tiene aqui, aprovecharé la ocasion siendo lo que
mas padezco en estos retiros, la carencia ô sugetos
experimentados con quienes conferir las dificulta
des, pension no poca para quien sirve, y con acierto desea satisfacer su obligacion.

      Celebro la felicid.^{d}

   (folio 11v)
conque Vm. va finalizando su expedicion. N.S. gûe â
vm p.^{r} m.^{s} a.^{s} S. Gabriel y Abril 29 de 1776

     Fern.^{do} de Riv.^{a} y Moncada

soldiers, the settlers, and the five worker deserters to the Port of San Francisco. Concerning two of the worker deserters I wrote to tell Your Honor that you should take them away, fearing that they would repeat their desertion. I proposed the difficulty for the consideration of the lieutenant but he had no opinion on the matter. For that reason, I suppose the knowledge of my [decision] is there afloat [and] they are all right.

When I went on the march from San Diego I was occupied with the necessity that took me away. I am not in a position from which I can withdraw, needing to imprison some of the old Christians, among whom is the wicked Francisco and his accomplices. Others have not been brought down like those of San Luis. I need men for a campaign and to guard eleven prisoners [because] there is no jail. Various ones [of the culprits] are chiefs of the Indian villages. Founding the fort has suspended the missions. For the reason that the lieutenant has withdrawn from Monterey, I left eight of the soldiers that pertain to San Francisco there out of necessity, so I would have fifteen of that presidio for here.

This is the state of things about which I have written to Your Honor, that you might offer to discuss it with me at this mission. I hope to merit Your Honor telling me how it seems to you. Since you have good luck here, I will profit by the occasion, being that I suffer more in these remote places because of the needs or liabilities experienced by those who participate in the difficulties - no small labor for one who serves and desires prudently to satisfy his obligation.

I celebrate the happiness

(folio 11v)

with which Your Honor is finalizing your expedition. Our Lord keep Your Honor many years. San Gabriel, April 29, 1776.

Fernando de Rivera y Moncada

Rivera Núm. 6
29 de abril de 1776

Bancroft Library, Berkeley, California; C-A 368: 19: Rivera y Moncada, Fernando: Papeles relativos a su disputa con Juan Bautista de Anza, folios 11v-12

(folio 11v)

Oficio al The. Coronel
Sor Dn Juan Bapt.^{a} de Ansa

Muy S.^{or} mio: En Monterrey me dio un soldado un papel, sin leherlo lo eché en la bolsa, despues en el Camino
lo ví, y hallé que era rotulado âVm, tiene varias firmas, quizas havrá tenído noticia Vm del, cierto es que
no lo acompano presentacion que se determinara âun
y que se encamina â pedir el cumplimento del num.^{o}
de Bestias que se les prometio, proponen que si no alcanzan las Cavallares, que ay Mulares.

En todo eso Vm sabrá lo que ay, y creo habrá dispuesto
con arreglo âsus instrucciones: no obstante â la despedida propondré âVm lo que se meofrece atento â estas
Gentes. 1.º si fuera posible que se les acabalen las vestias
no quiero decir que si auno lefalta un Cavallo se le dé
una Mula, sino que por ese que le faltava, y otro que
deje, se le diese una Mula, 2.º han venido comiendo carne hasta aqui, sucede quevm ha entregado Ganado, lo
estan viendo, y faltandoles la Racion de Carne no
es facil cesen de importunar pidiendole. Supuesto
que ese Ganado ha sido mandado, y destinado para
fomento del Pueblo de Sn Fran.^{co}, y que actualmente
se hallan dotadas de Ganado 3 Misiones por fundar
Sn Fran.^{co}, Sn Buenav.^{a} y Sta Clara; Pregunto âVm de
que sentir es, si se separan 25 vacas p.^{a} el aumento
y providencias que en lo venidero seofrezca dar â la
superioridad, no se les pudiera repartir â los Casados
de Sn Fran.^{co} â cada uno una Res embra, y un Novillo
ô toro, se les tapava la voca para que no pidieran

(folio 12)

racion de carne, y se lograva que criando fuesen teniendo sus bienecitos, se entiende davamos cuenta.

Tercero si consta en las instrucciones de Vm por
que en las mias no se halle, la Regla que se deva observar
por lo tocante âsus pagas.

Le puedo asegurar que es dificultad, distante el recurso, Dios quiera vengan suficientes provisiones, y
de lo contrario travajos se me previenen. â todo con
testeme etc. Sn Gabriel y Abril 29 de 1776

Fern.^{do} de Riv.^{a} y Moncada

Rivera No. 6
April 29, 1776

Bancroft Library, Berkeley, California; C-A 368: 19: Rivera y Moncada, Fernando:
Papers relative to his dispute with Juan Bautista de Anza, folios 11v-12

(folio 11v)

Señor Don Juan Bautista de Anza

My Dear Sir: A soldier gave me a paper in Monterey, and I put it in my saddlebag without reading it. Later, on the road, I saw it and found that it was addressed to Your Honor. It has various signatures.[37] Perhaps Your Honor will have received notice of it. It is certain that no presentation accompanied it that will resolve things, although it is directed to ask for the distribution of the number of animals you promised them. They propose that if there are not enough horses, there are mules.

In all of this Your Honor will know what there are and, I believe, will have made arrangements according to the orders in your instructions. Nevertheless, at our parting I will propose what was presented to me in attention to these people: 1) If it were possible the mules should be completely distributed. I do not want to say that if a person does not have a horse that he should be given a mule, but that for whatever he lacks, if there is another one left, then give him a mule. 2) They have come thus far eating meat. It so happens that Your Honor has delivered cattle and they are seeing that they are without meat ration. It is difficult for them to cease to crave asking for it. I suppose that these cattle have been sent and designated for the support of the town of San Francisco when three missions have actually been allocated cattle for their founding: San Francisco, San Buenaventura, and Santa Clara. I ask Your Honor, if you feel it is all right, if you would separate out twenty-five cows for the augmentation and support that the superior powers might provide in the future. I don't know if you would be able to distribute to each one of the married couples of San Francisco a heifer and one steer or bull. They were keeping their mouths shut. Indeed, they were not asking

(folio 12)

for a ration of meat because they were procuring what was being raised, and they were having good results. You understand, we used to give an accounting.

Third, is it clear in Your Honor's instructions, because I do not find in mine the regulation regarding their pay?

I can assure you that it is difficult with recourse being so distant. God desires that sufficient provisions should come but, on the contrary, they send me more work. Answer me in all of this, etc. San Gabriel, April 29, 1776.

Fernando de Rivera y Moncada

---

[37] See Anza Letter #11, beginning paragraph.

Rivera Núm. 7
29 de abril de 1776

Bancroft Library, Berkeley, California; C-A 368: 19: Rivera y Moncada, Fernando: Papeles relativos a su disputa con Juan Bautista de Anza, folio 12

(folio 12)

Sor Dn Juan Bapt.^{ta} de Ansa

Muy S.^{or} mio. Se me ha manifestado vm sentido, siento
se retire Vm de lamisma manera, si consiste, y puede ser remedio la satisfacción sirvase Vm decirme q.^{l}
deva dar; con atención â la devm ha venido el Sarg.^{to}
 Sovre varios asumptos tengo que escrivir dando
cuenta al S.^{or} Exmo , sin que le sirva demolestia estimaré âvm me diga si tendré tiempo, ô el dia desu mar-
cha para ceñirme â lo mas preciso.
 Vm disponga sobre lo que me escrivio de dar la
Plaza â Galindo, y que se regrese el Yerno del Sarg.^{to}
â quien le cavia haver venido.
 De esta Mision corrieron borrasca 3, ô cuatro Bestias quando se desertaron el soldado y
mozos, el P. recurrio âvm, y yo porque ignoro q.^{e}
sea la practica pido âvm me diga si se pueden
pagar, etc.
Sn Gabriel y Abril 29 de 1776
Fernndo de Riv.^{a} y Moncada

Rivera No. 7
April 29, 1776

Bancroft Library, Berkeley, California; C-A 368: 19: Rivera y Moncada, Fernando:
Papers relative to his dispute with Juan Bautista de Anza, folio 12

(folio 12)

Señor Don Juan Bautista de Anza

My Dear Sir: Your Honor has manifested your complaint to me.[38] I regret that Your Honor left in the same manner. If it is consistent and if there can be a remedy, the satisfaction will serve Your Honor to tell me what I must do. In regard to Your Honor's [letter], the Sergeant has come.

I have to write about various subjects, giving an account to the Most Excellent Lord [Viceroy],[39] without which harm would be done. I will thank Your Honor to tell me if I will have the time, or tell me the day of your departure that I might reduce it to the most necessary [information].

Your Honor should make arrangements for that which you wrote to me about enlisting Galindo[40] and the return of the Sergeant's[41] son-in-law, who was entitled to have come.

Three or four animals escaped from this mission when the soldier and four workers deserted. The Father asked for recourse from Your Honor and I, not knowing what would be customary, ask Your Honor to tell me if they can be paid for, etc.

San Gabriel, April 29, 1776.

Fernando de Rivera y Moncada

---

[38] Anza seems not to have expressed any sorrow about anything. See his response to this in Anza Letter #12, beginning paragraph.

[39] See Rivera Letter #9.

[40] Anza referred to this person as "Gallegos." However, it is logical that both he and Rivera were referring to Nicolás Galindo who had gone to California as a colonizer, not previously having been a soldier (see *Antepasados VIII*, p.165). Carlos Gallegos was one of the first soldiers recruited and was enlisted prior to leaving for California.

[41] Sergeant Juan María Góngora

Anza Núm. 10
29 de abril de 1776

Bancroft Library, Berkeley, California; C-A 368: 17; Anza, Juan Bautista de, 1735-1788: Cartas a Fernando de Rivera y Moncada, folios 18-18v
(Respuesta a la carta #5 de Rivera fechada el 29 de abril de 1776)

(folio 18)

Mui S.^r mio: En contestacion del ofi-
cio de Vm. de la fh.^a de este dia, digo: q.^e la noticia q.^e Vm. me
indica participada al Th.^e D.ⁿ Fran.^{co} Ortega no carece de
fundam.^{to} pues en combersacion.^s privadas la produge Yo diciendo que del propio modo seme refirio en Mex.^{co} pero
no p.^r Su Ex.ª ni otro Gefe de los q.^e mandan; y assi lepuede Vm.
dar el credito q.^e jusgue: pues dehaversido de oficio no se
me havria passado el comunicarsela áVm.

Al segundo de su sitada digo q.^e celebro antetodo el q.^e
se verifique (como me incinua) el establessim.^{to} del P.^{to}
de S.ⁿ Fran.^{co} pues me lisongea no poco el conducir esta noticia tan apreciable p.^a Su Ex.ª en cuio concepto me havia ofrecido á contribuir p.^r mi parte ásus princip.^s
y p.^r lo mismo combengo gustosso enq.^e quedan p.^a su fabrica los Peones que Vm. me proponia regressase.

Al tercero, y al cuarto de la misma sitada en el su-
puesto de las cauzales q.^e Vm. me expone p.^a no proceder
al establessim.^{to} de las Miciones q.^e deven ubicare á las im-
mediacion.^s del enunciado fuerte, combengo p.^r mi parte en
el propio penssam.^{to} de Vm. pues creyendo no seretarde su
efecto, dilatada tiempo q.^e apruevé esta suspencion Su Ex.ª q.^{do}
mire p.^r otro lado, sehá dado principio á lo mas exen-
(folio 18v)
cial de su superior.^s ordenes.

Alas otras dos adjuntas de Vm. responderé p.^r separas
y aqui solo añadiré, que daré espera p.^a lo q.^e a Vm. se le ofres-
ca escrivir á Su Ex.ª Oi, mañana, y passada mañana,
que es q.^{to} puedo exforsarme p.^r solo dho fin, lo q.^e para
el propio (modo) le servirá á Vm de govierno.

Nrô S.^{or} gue á Vm. m.^s a.^s S.ⁿ Gabriel y Abril 29”
de 1776”

Blm.^o de Vm su seg.^o s.^{or}

Juan Bap.^{ta} de Anza (rúbrica)

Sor D.ⁿ Fernando
de Rivera, y Moncada

Anza No. 10
April 29, 1776

Bancroft Library, Berkeley, California; C-A 368: 17; Anza, Juan Bautista de,
1735-1788: Letters to Fernando de Rivera y Moncada, folios 18-18v
(Response to Rivera Letter #5, dated April 29, 1776)

(folio 18)

My Dear Sir:

     In answer to Your Honor's official communication of today's date, I say: that the news from Your Honor indicating that Lieutenant Don Francisco Ortega had been notified[42] does not lack foundation. Indeed, it was so indicated to me in private conversation. I am saying that I was told in Mexico, but not by His Excellency, nor any other commanding chief, and so Your Honor can give the credit where it is deserved. It having been a matter of trade, I would not have passed that information on to Your Honor.

     To the second paragraph of your cited letter, I say that what I accomplished (and that to which you insinuate) in the establishment of the Port of San Francisco was known by everyone. Indeed, it flatters me not a little to be the bearer of this news that will be so appreciated by His Excellency. For my part, I have offered to contribute to its beginnings and, by the same token, I happily concur with the soldilers who are staying there to build it -- the same ones that Your Honor suggests I should take back.

     To the third and fourth paragraphs of the same said letter, in the supposition of the reasons that Your Honor gave me for not proceeding with the establishment of the missions that need to be located in the immediate vicinity of the announced fort: for my part I agree with Your Honor's line of thinking, believing that it will not delay the effect, but rather a prolonged time will prove the value of this suspension when His Excellency sees the other side. The beginning of the most vitally essential

(folio 18v)

of his superior orders has been provided.

     I will respond to the other two adjoining letters of Your Honor by separate mail and will only here add that I will entertain hopes that Your Honor will actually write to His Excellency - today, tomorrow, and the day after tomorrow - because that is what can only strengthen me for the said end and show Your Honor the proper method to govern.

     Our Lord keep Your Honor many years. San Gabriel, April 29, 1776.
     Your certain servant kisses the hand of Your Honor.

Juan Bautista de Anza (rubric)

To Señor Don Fernando de Rivera y Moncada

---

[42] See Rivera Letter #5, folio 10v, first full paragraph. See also, Rivera Letter #12, folio 31.

Anza Núm. 11

29 de abril de 1776

Bancroft Library, Berkeley, California; C-A 368: 17; Anza, Juan Bautista de,
1735-1788: Cartas a Fernando de Rivera y Moncada, folios 22-23

(Respuesta a la carta #6 de Rivera, fechada el 29 de abril de 1776)

(folio 22)

Mui S.^r mio: En contestacion de la tercera
de Vm. defh.^a del dia, digo que ami propartida
deMonterrey me pressentó el soldado Athan.^o
Vasquez el Papel q.^e Vm. me insinua: y havien-
dole visto solo las firmas le dixé: que si no me
encontrara en el estado en q.^e mehallava, le
pondria á el, y átodos los q.^e le acompañaban a
firmar en un castigo correspondiente: pues no
ignoraba q.^e tal peticion, herá contra ordenanza
y fuera de su regular conducto; p.^r lo que, y haver
la repetido á Vm. le estimare no sequede sin el
merecido castigo, respecto aq.^e ni el, ni todos los q.^e
vienen ignoran la ordenanza: pues se las lei,
é impuse en ella aun antes de entrar al servicio. Como que aproporcion de las Caballerias
q.^e hán llegado aqui, les he hecho el repartto
sin ningun agravio, y q.^e si no vienen cumplido el numero q.^e seles ofrecio p.^r la superioridad; no hassido p.^r q.^e seles haia querido fall-
tar á dha promessa: pues p.^a el fin compré las
suficientes: en servicio de todos sean perdido con
q.^e no tienen razon p.^a pedir mas.

(folio 22v)

Dexe á todos los Reclutas en Monterrey
á dos Caballos, y una Mula; p.^r q.^e me aseguró el
Th.^e Moraga q.^e con los q.^e havia dejado aqui, al
canssaria assi p.^a todos, y les concedi las que havia
ussado cada qual y lo mismo havia hecho anima
depracticar aqui, y despues de executado esto, q.^e
seles diesse una Mula demas: quedando las
sobrantes á beneficio delos propios, ó del establessi-
m.^{to} del Fuerte, en casso de no tener Vm. maior
nececidad áq.^e atender, q.^e es lo propio q.^e ahora
digo á Vm, y con lo q.^e satisfago igualm.^{te} al primer punto del seg.^{do} Capitulo de la de Vm.

En q.^{to} á la propuesta q.^e Vm. me hace
p.^a el reparto del Ganado, combengo en todo, con
lo mismo q.^e de Vm. me insinua no dudando lo

Anza No. 11
April 29, 1776

Bancroft Library, Berkeley, California; C-A 368: 17; Anza, Juan Bautista de, 1735-1788: Letters to Fernando de Rivera y Moncada, folios 22-23
(Response to Rivera Letter #6, dated April 29, 1776)

(folio 22)

My Dear Sir: In answer to Your Honor's third letter from today's date, I say that on my departure from Monterey the soldier, Atanacio Vásquez, presented me with the paper Your Honor directed to me. And, having seen only the signatures, I said, that if he had not encountered me in the situation that he found me, I would place him and all those who joined him in signing it under suitable punishment. Indeed, I did not ignore the fact that such a petition was against the ordinance and outside of ordinary conduct. Because of that, and having repeated it to Your Honor, I would judge that they should not be left without the deserved punishment. Respecting which, neither he nor everyone who came can ignore the ordinance. Indeed, I read it to them and imposed it upon them even before they entered into the service. As to how to divide up the saddle mounts that have made it this far, I have made the division without any grievance. If the full amount offered by our superior did not arrive, it has not been that I would have wanted to be deficient in the said promise. Indeed, to that end I bought plenty. In the service of all, some should be lost, but they have no reason to lose any more.

(folio 22v)

I left two horses and a mule for each of the recruits in Monterey, which Lieutenant Moraga certified for me. With those that were left here that count was assured for everyone. I granted that each one had been used and the same had shown the spirit to be put to good use here. And, after this was done I gave them one more mule, leaving the remaining animals for their benefit or for the establishment of the fort, in the event that Your Honor does not have a greater need to attend to. What is now proper is that I here tell Your Honor, with which I also satisfy the first point in the second paragraph of Your Honor's letter. Regarding the dividing up of the cattle, I agree with everything Your Honor has suggested to me, not doubting that His Excellency will approve it, in light of the role he has appointed to us concerning it.

With regard to the proposal Your Honor makes concerning the distribution of the cattle, I agree with everything, the same way that Your Honor touched upon it, not doubting that

ápruevé Su Ex.ª en vista del parte q.ᵉ sovre
ello le demos.

Ala pregunta q.ᵉ me hace Vm. en su tercer
Capitulo respondo; q.ᵉ en mis ôrns, é instruciones
no seme dan mas reglas en q.ᵗᵒ ála paga de
la Tropa, q.ᵉ es decirme (creré lo propio q.ᵉ á Vm.)
esto es q.ᵉ el Th.ᵉ hade gozar setecientos p.ˢ anuarios
el sarg.ᵗᵒ cuatrocientos, y sincuenta, y un pesso anu-
ario p.ª cada soldado: á cuio efecto, y al de la an-

(folio 23)

ticipacion de tres messes de paga q.ᵉ les tengo verificadas, y aun p.ª mas tiempo, seme entregó en especie de dinero, q.ᵉ es q.ᵗᵒ puedo decir
á Vm. sovré el particular.

El quarto y ultimo de su misma sitada
me impone del cuidado q.ᵉ le assiste p.ª la existencia de estos establessim.ᵗᵒˢ si no vienen pro-
viciones suficientes; pero me hago el cargo
q.ᵉ no desatenderá este propio azumpto la magnanimidad deSu Ex.ª áq.ⁿ ami vista, no se
lo dejaré de significar p.ʳ si acahesieré alguna
fatalidad: en cuio lanze (aunq.ᵉ considerablem.ᵗᵉ
distante) se puede hacer algun recurso al Rio
Colorado, donde de Maio, a Julio abunda en estremo el Trigo, y de sep.ᵉ á octubre el maís, y
frijol lo q.ᵉ produsgo á Vm. p.ʳ parecerme estan
mas prox.ᵐᵒ q.ᵉ la antigua Calif.ª donde otra
vez creo serecurrio en tal urgencia.

Nrô S.ᵒʳ gûe a Vm. m.ˢ a.ˢ S.ⁿ Gabriel y Abril
29"de 1776"

Blm.º de Vm su seg.º s.ᵒʳ
Juan Bap.ᵗᵃ de Anza (rúbrica)

S.ᵒʳ D.ⁿ Fernando
de Rivera y Moncada

His Excellency will approve in light of the report we will be making.

As to the question that Your Honor asked me in your third paragraph, I respond by saying that I was given no other rules as to the amount to be paid to the troop in my orders and instructions. They tell me this (which I believe is appropriate to Your Honor); that the lieutenant should enjoy seven hundred pesos annually; the sergeant four hundred; and each soldier fifty-one pesos annually. To that effect and that of the

(folio 23)

anticipation of three month's pay, which I have to confirm for them, although their time was greater, that amount of money was delivered to me. That is all I can tell Your Honor in this particular.

In the fourth and final paragraph of your same letter you impose upon me the care that must be present for the existence of these establishments if sufficient provisions do not arrive. However, I submit that the magnanimity of His Excellency, of which, in my view, I shall never cease to declare. In the event that some calamity should befall us, it will not neglect this particular subject. In a critical moment (although it is at a considerable distance), some recourse can be had at the Colorado River where, from May to July, there is an extreme abundance of wheat, and from September to October, corn and beans. What I would tell Your Honor is that it appears to me to be closer than old California where, at another time, I believe, recourse was taken with such urgency.

Our Lord keep Your Honor many years. San Gabriel, April 29, 1776
Your certain servant kisses the hand of Your Honor
Juan Bautista de Anza

To Señor Don Fernando de Rivera y Moncada

Anza Núm. 12
29 de abril de 1776

Bancroft Library, Berkeley, California; C-A 368: 17; Anza, Juan Bautista de, 1735-1788: Cartas a Fernando de Rivera y Moncada, folios 20-20v

(Respuesta a la carta #7 de Rivera, fechada el 29 de abril de 1776)

(folio 20)

Mui S.^or mio: En respuesta de una de las de Vm de
fha de oi, digo asu primer capitula, que si mehe
manifestado sentido, hasido desde el mismo punto
en q.^e quando se verificó nrô encuentro, y q.^e apenas
havia acavado de articular las primeras palabras de Urbanidad, y buena crianza: pico Vm a su
Caballeria, y semarcho sin darme tiempo mas
depara lo q.^e lepedí en aquella ocassion.

Si di, Yo alguna p.^a estetratam.^to enq.^e soi el menor
paciente, y si el servicio delRey, y ôrns del Exmo
Sor Virrey, este mismo S.^or impuesto delo anterior
hara dar la satisfaccion correspondiente q.^e es con
lo q.^e Yo me contento: pues ninguna otra regulo sea
suficiente, y entre tanto esto se verifica, servira aVm
de govierno q.^e lo dho no impide aq.^e deje Yo de contribuir enq.^to alcanse, y pueda, en todo lo q.^e sea del R.^l servicio, y el de Vm particular, creido de q.^e en uno, y otro
me sacrificaré mui gustosso.

Al seg.^do Capit.^o tengo contextado anteriorm.^te
p.^r lo q.^e lo omito hacer en esta.

El tersero de la sitada de Vm. me hace el favor
de lo q.^e le tenia pedido p.^r el soldado Gallegos: a cuia fineza quedo reconocido y con el maior agradessi-
m.^to como tambien p.^r lo perteneciente al sarg.^to

(folio 20v

Gongora, p.^r todo lo qual doi á Vm las devidas gracias.

En Contextacion al quarto, y ultimo digo: que
en el mismo casso de rovo, y decercion que consumaron aqui, soldado, y Harrier.^s siempre hé visto que
de los sueldos de tales Gentes se satisfaga lo primero
en cuia atencion Vm. dispondra lo q.^e tenga por
mas combenientes.
Ntro S.^or gûe a Vm. m.^s a.^s Sn Gabriel y Abril 29
de 1776.

Blm.^o de Vm. su m.^s seg.^o serv.^or

Juan Bap.^ta de Anza (rúbrica)

Sor Dn Fernando
de Rivera, y Moncada

Anza No. 12
April 29, 1776

Bancroft Library, Berkeley, California; C-A 368: 17; Anza, Juan Bautista de, 1735-1788: Letters to Fernando de Rivera y Moncada, folios 20-20v
(Response to Rivera Letter #7, dated April 29, 1776)

(folio 20)

My Dear Sir: In response to one of your Honor's letters of today's date, I say to its first paragraph that if I have manifested sorrow, it has been from that same point when our encounter occurred, when after having scarcely articulated the first words of courtesy and good manners, Your Honor spurred your mount and rode off without giving me the time of day, much less what I wished for on that occasion.

If I gave anything to this encounter, in which I am less than patient, and to the service of the King and the orders of the Most Excellent Lord Viceroy, which this same Lord imposed earlier, it will have been to give the corresponding satisfaction, with which I am content. Indeed, no other action would be sufficient. In the meantime, this is guaranteed: that it is Your Honor's duty to govern; that I did not impede that said duty; that I was expected to contribute, regarding which I was willing and able. In all that would be the Royal Service, and that of Your Honor in particular, credited with one and the other, I will sacrifice myself very happily.

I have already answered the second paragraph and, therefore, omit doing it in this letter.

In the third paragraph of Your Honor's cited letter you do me the favor of what I had asked for the soldier, Gallegos.[43] I am obliged to your kindness for which I have the greatest appreciation, as I also have for that pertaining to Sergeant

(folio 20v)

Góngora.[44] For all of this I give Your Honor due thanks.

In answer to the fourth and final paragraph, I say that in the same occurrence of robbery and desertion that happened here, with soldiers and mule packers, I have always observed that the wages of such people satisfy the first. In attention to this, Your Honor should arrange to do whatever you think best.

Our Lord keep Your Honor many years. San Gabriel, April 29, 1776.

Your most certain servant kisses the hand of Your Honor.

Juan Bautista de Anza (rubric)

To Señor Don Fernando de Rivera y Moncada

---

[43] Rivera called this man "Galindo," referring to Nicolás Galindo. The scribe likely made a mistake here, and Anza did not catch it before signing this letter.

[44] Sergeant Juan María Góngora

Anza Núm. 13

30 de abril de 1776

Bancroft Library, Berkeley, California; C-A 368: 17; Anza, Juan Bautista de,
1735-1788: Cartas a Fernando de Rivera y Moncada, folios 24-24v

(folio 24)

Mui S.^r mio: Para maior inteligencia
de Vm. sovre lo q.^e tiene visto en el P.^{to} de S.ⁿ Fran.^{co} como p.^a
lo q.^e pueda importar a las noticias q.^e sovre ello dá a Su
Ex.ª con pressencia del dictamen q.^e sovre elpropio
particular tengo exivido á Vm: le inolvio el adjun-
to Plan, lebantado en dho P.^{to} q.^e visto, se servira
devolvermelo.

No tiene las Notas q.^e le corresponden; pero
servira á Vm. de govierno, q.^e los puntos seguidos
indican el viage q.^e Yo hice asu reconossimiento:
cuias jornadas estan señaladas p.^r el ôrn del
Alfabetto. Donde esta la F. y una cruzesita es lo mas
estrecho del P.^{to} y el sitio q.^e p.^r mi parte señala p.^a
la uvicacion del Fuerte. Donde esta una cruzessita
immediata ála anterior, y a la Hisquierda, es
el áonde Vm. coloco la sua dela enumpcia-
da mia: p.^a lo interior del P.^{to} es donde existen las Aguas, Leña, y Pastos q.^e refiero a Vm.

(folio 24v)

en mi dictamen.

Dela letra J. á S. es el desemboque del Rio de
S.ⁿ Fran.^{co} aunq.^e p.^a mi, y lo q.^e vi, no es tal Rio; sino
Laguna q.^e se origina delas Aguas delos Tulares
y de una sierra nevada (en extremo) q.^e esta opuesta á los dhos.

Nrô S.^{or} gûe á Vm. m.^s a.^s Micion de S.ⁿ Gabriel y Abril 30" de 1776"

Blm.^o de Vm su seg.^o s.^{or}

Juan Bap.^{ta} de Anza (rúbrica)

Sor D.ⁿ Fernando
de Rivera y Moncada

Anza No. 13

April 30, 1776

Bancroft Library, Berkeley, California; C-A 368: 17; Anza, Juan Bautista de, 1735-1788: Letters to Fernando de Rivera y Moncada, folios 24-24v

(folio 24)

My Dear Sir:

ForYour Honor's greater understanding of what was seen at the Port of San Francisco, so that news of it can be imparted to His Excellency along with the statement on this particular that I have shown your Honor, I include the enclosed map[45] that was drawn at the said Port that we saw. It will serve until I return.

It does not have the corresponding notes but it will serve to guide your Honor. The consecutive points indicate the trip I made in its reconnaissance, each day being shown in alphabetical order. Where the letter F and a little cross are drawn is the narrowest part of the Port and it shows, in my opinion, where the location of the fort should be. Where there is another little cross immediately in front and to the left of it is where Your Honor located your site. My aforementioned site in the interior of the Port is where the water, firewood, and pastures are, which I refer to Your Honor

(folio 24v)

in my statement.

From the letter J to S is the mouth of the San Francisco River although, in my opinion from what I saw, it is not so much a river as a lagoon that originates in the waters of the delta (Tulares) and a snow covered mountain range (Sierra Nevada) in the distance on the opposite side of the said waters.

Our Lord keep Your Honor many years. Mission of San Gabriel on April 30, 1776.

Your obedient servant kisses the hand of Your Honor.

Juan Bautista de Anza (rubric)

To Señor Don Fernando de Rivera y Moncada

---

[45] This map has never been found.

Rivera Núm. 8

1 de mayo de 1776

Bancroft Library, Berkeley, California; C-A 368: 19: Rivera y Moncada, Fernando:
Papeles relativos a su disputa con Juan Bautista de Anza, folios 15-16

(Respuesta a las cartas #10, 11, 12, y 13 de Anza, fechadas en 29 y 30 de abril de 1776)

(folio 15)

Sor Dn Juan Bapt.^{ta} de Ansa

Muy S.^{or} mio. he recivido 4 de Vm de 29 y 30 del proximo pasado, después de haver celebrado haya venido Vm con buena
salud, estimo muy mucho la esp.^{a} que Vm me hace para
escribir â S. Ex.ª me reduciré quanto posible me sea.

Sobre lo tratado en asumpto â Sn Fran.^{co} no ay
mas de lo dicho en Sn Diego estan cinco pertenecientes
aquel Puerto, iré y los despacharé, con ôrn al Sargento de
que se retiren â Monterrey, y â Moraga la correspond.^{e}
p.^{a} que pasen â Sn Fran.^{co} en la forma misma que ya co-
muniqué âVm.

Estimo me comunicara Vm el Plan, que buelvo con
credito agradecimiento. Estimo igualmente la noticia
deparajes, â lo que digo âvm. quê ninguno he visto yo, y
supuesto es uno el mismo servicio en qualquiera de los
dos Parages me parece, que atendida la mayor confianza
que se concive en la permanencia de la agua del uno
mas crecido y abundante bosque, la comodidad para
sus Huertos de la Gente que lo vá apoblar; y que
devemos considerar que si ahora no estan crecido el
(folio 15v)
numero, que se hira aumientando y será lugar, y
la dificultad en trasladarse, una vez ya establecidos, pareceme tambien circunstancia que se merece atención
el que este abrigado del casi continuo viento que reina en esta Costa, lo que conduce â la salud, y comodidad
todo advirtiendoselo â Moraga, me parece acertado
dejar â su eleccion del sargento y pocos soldados que
se juzguen de mas reflexion que se establezcan en el-
mas comodo y oportuno: lo qual creheré es de la aprovacion de Vm.

No tengo tiempo p.^{a} nada, la prov.^{a} que le parezca
âVm se deve poner en quanto al repartim.^{to} de Ganado
en original, ô borrador, si gusta Vm. tomarla âsu cuidado
se lo agradeceré; y si seofrece otra cosa que hacer aquí
disponga Vm. dexo dho no tengo tiempo.

Me admira Señor Dn Juan el grande sentim.^{to} de
vm si falté en algo aquí se pudiera haver compuesto

Rivera No. 8
May 1, 1776

Bancroft Library, Berkeley, California; C-A 368: 19: Rivera y Moncada, Fernando:
Papers relative to his dispute with Juan Bautista de Anza, folios 15-16
(Response to Anza Letters 10, 11, 12, and 13, dated April 29 and 30, 1776)

(folio 15)

Señor Don Juan Bautista de Anza

My Dear Sir: I have received four of Your Honor's letters on the 29th and 30th of last month, after having celebrated your arrival in good health. I highly esteem Your Honor's expectation of me to write to His Excellency. I will resolve to do it as soon as possible.

Concerning what was discussed on the subject of [who should be sent] to San Francisco, there are no more [men] than the said number. There are five who have been assigned to that Port in San Diego. I will go and dispatch them with orders for the Sergeant to return to Monterey and corresponding orders for Moraga to go to San Francisco, in the same form that I have already communicated to Your Honor.

I appreciate Your Honor sending me the map, which I return with grateful esteem. Equally, I thank you for the information about the places. Concerning this, I must tell Your Honor that I have not seen either of them, but I suppose the utility is one and the same in either of the two places. The greatest confidence is attended by the one in which the permanence of the water is conceived, the woods are the largest and most abundant, and the gardens are convenient for the people who go there to populate it. And, we must consider that although their number is not now

(folio15V)

large, it will be augmented and there will [need to] be space, and the difficulty of moving it once it is already established. Another circumstance also appears to me to deserve attention, which is to be protected from the almost continuous wind that prevails on this coast. I have advised Moraga of that which is conducive to health and comfort. It appears logical to me to leave to him the selection of the sergeant and a few soldiers who will judge with greater thought where to establish [the fort] with more utility and convenience, which I believe is with the consent of Your Honor.

I do not have time for anything. Concerning the providence that it seems to Your Honor must be put in place regarding the distribution of cattle, in the original or draft form, I would appreciate it if it pleases Your Honor to take care of it. If something else was presented for which arrangements should have been made here, Your Honor, it was neglected. I do not have time. [46]

I admire, Señor Don Juan, the great concern of Your Honor that I might lack something here. You should have been able to have reconciled

---

[46] See Anza's response in Anza Letter #14, folio 27, first full paragraph.

97

y libre de eso, hablar Vm â S. Ex.ª en tan varios asumptos como se leofreceran, porque creo no habrá qui
en con gusto oiga referir discordias, con un enfermo
se dispensa, y de que en mi viaje âVm busque lo he
mostrado, no estando en Monterrey mas del preciso tiempo en que sane del dolor, hasta que Vm se retire crehere lo executo sin que nos ablemos.

Se han valido demi âfin de que suplique âvm que
en llegando al Presidio de Tubac se sirva apuntarle la Plaza al Soldado Pascual Bailon Riv.^a como me lo piden
se lo suplico âVm y espero condescenderá no mediando
incombeniente.

Mandeme si valgo en algo seguro en que le
(folio 16)
serviré con buena voluntad, con la que ruego â nuestro
Señor gûe âvm m.^s a.^s S.ⁿ Gabriel y Mayo 1° de 1776.

Fern.° de Riv.^a y Moncada

and freed yourself from that by speaking to His Excellency, Your Honor, on such varied subjects as they will present, because I believe there is no one who would hear such discord referred to with pleasure, [when it was] with a sick person absolved from the engagement. I have demonstrated this on my trip to seek your Honor, not being in Monterey more than the precise time needed to relieve the pain [and] until Your Honor could withdraw. I believe you did it so that we could not speak to each other.[47]

They have imposed upon me to the end that I should ask Your Honor if, upon your arrival at the Presidio of Tubac, you would appoint the soldier Pasqual Bailón Rivera to that garrison. As they have asked me, I so ask Your Honor, and I hope you will condescend without inconvenience in your interceding.

Command me if I can be of use in something, being secure in the knowledge that

(folio 16)

I will serve you with the same goodwill with which I plead with Our Lord to keep Your Honor many years. San Gabriel, May 1, 1776.

Fernando de Rivera Moncada

---

[47] See Anza's response in Anza Letter #14, folio 27, second full paragraph.

Rivera Núm. 9
1 de mayo de 1776

Bancroft Library, Berkeley, California; C-A 368: 16A: Rivera y Moncada, Fernando:
a Antonio Bucareli y Ursúa; folios 1-2
(Informe al Virrey)

(folio 1)

Mayo 1.° de 76   N.2

Excemo. Señor

El dia 3 del corriente salí de S.ⁿ Diego para Monterrey y desde qˆ llegue al primero no experim.ᵗᵉ
hiciessen averia en la gente ô cavallada
si tuve noticia qˆ los Gentiles, mataron â Ra-
phael Yndio christiano de los pripales culpados.

Las salidas qˆ se avian echo, se â pro-
curado en ellas la mexor ôrn se han apre-
sado ya unos, ya otros, a los demas, consideracion se aseguraron, y â otros se les
dieron sus azotes, y se dieron libres; dexe
diez Yndios presos, y un soldado qˆ decerto, con
cinco mosos de la expedicion del Then.ᵉ coronel
D.ⁿ Juan Bap.ᵗᵃ de Anza, en ausiencia suia,
los siguio el Then.ᵉ D.ⁿ Jph Joachin Moraga, y les dio alcance antes del Rio colorado y
volvio.

De dhos Yndios es uno Carlos qˆ hazia
de Gov.ᵒʳ en la Miss.ⁿ del qˆ se hace mencion
en las dilig.ˢ esse se refugio, y despues de aver-
lo pedido y negadoseme, remitiarme al Yttmô
S.ᵒʳ Obpô por la naturaleza del reo, no tener
tropa p.ᵃ guardarlo el espacio de tpo necessario para qˆ vaya, y vuelva la resulta; me
determine â sacarlo, me intimaron esco-
munion, como consta de la resp.ᵗᵃ cuia diligencia remito aVExĉa Yo no he creydo q
estoi escomulgado, por el grave peligro
en qˆ si se escapava el Reo, ocasioonara nue-
(folio 1v)
vas inquietudes, averias, y la dificultad qˆ de
ordinario se esperim.ᵗᵃ mas, y menos en ocasiones, para apresarlos.

Rendidam.ᵉ suplico a VE. no se demo-
ren las diligencias en volver con lo dispuesto
por qˆ p.ᵃ no exponerme a nuevo escandalo, es consig.ᵗᵉ qˆ no oiga Misa, ni cumpla

Rivera No. 9
May 1, 1776

Bancroft Library, Berkeley, California; C-A 368: 16A: Rivera y Moncada,
Fernando:
To Antonio Bucareli y Ursúa; folios 1-2
(Report to the Viceroy)

(folio 1)

May 1, [17]76
No.2

Most Excellent Lord

I left San Diego for Monterey on the 3rd day of the current month.[48] From the time I arrived at the first place, it has been my experience that no harm has been done to the people or the horse herd. Indeed, I received news that the non-Christian Indians killed Rafael, the Christian Indian who was one of the principal culprits.

It has been attempted to maintain the best order in the sorties that have been made. Already, some were captured, others were secured, and still others were given their lashes and set free. I left ten Indians imprisoned, and a soldier, along with five workers, who deserted the expedition of Lieutenant Colonel Don Juan Bautista de Anza in his absence, were pursued by Lieutenant José Joaquín Moraga. He overtook them before reaching the Colorado River and returned.

Among these said Indians is one Carlos who was acting as governor of the mission, of whom mention was made in the reports. This Indian took refuge. After having asked and been refused, I sent my request for the disposition of this criminal to the Most Illustrious Lord Bishop, not having troops to guard him for the length of time necessary for the letter to go and the answer to return. I decided to arrest him. They hinted at excommunication. As evidence, I am sending Your Excellency information regarding it. I have not believed that I am excommunicated because of the grave danger that would have resulted had the criminal escaped, the new unrest it would have

(folio 1v)

caused, the damages that would result, and the difficulty that is ordinarily experienced, more or less, in imprisoning them.

I humbly beseech Your Excellency not to delay in returning the transactions with the disposed, so as to not expose me to new scandal and the consequence that I cannot hear Mass or comply

---

[48] Actually April 3rd.

con el precepto, de la Yglesia, mucha pencion es hallarse el recurso tan remoto.

Despues de aver dado quenta aVExcâ en fha 30 de Enero qˆ se detenia aqui, y S.ⁿ Diego el todo de la expedicion; por la dificultad de los viveres, y decercion de los seis, dispuso D.ⁿ Juan Bap.ᵗᵃ passara la maior parte â Monterrey, lo primero me comunico en S.ⁿ Diego, convine en qˆ se executara; de lo seg.ᵈᵒ no teniamos noticia, de aqui me la participo, y conoci obrava aun con doble motivo.

Conferi facultad al Then.ᵉ Moraga p.ᵃ q recibiera del Then.ᵉ Coronel, y qˆ piocediesse a los Ynventarios.

Por escrito hemos tratado, y convenido el Then.ᵉ coronel ê yo en qˆ se efectue el establecim.ᵗᵒ del Fuerte de S.ⁿ Fran.ᶜᵒ y el Paraje qˆ destino, yo no lo he visto; en S.ⁿ Diego estan cinco soldados, y la recua, pertene con a dho Puerto, los mandare aca, y q unidos con los qˆ se hallan en esta, dare ôrn al Sarg.ᵗᵒ Grijalva marche â Monterrey, con el qˆ passare la correspond.ᵉ al Then.ᵉ Moraga, qˆ con el sarg.ᵗᵒ veinte soldados, los Pobladores, y los cinco decertores passe â establecer el Fuerte â S.ⁿ Fran.ᶜᵒ.

Parece razon S.ᵒʳ Excmô qˆ por ahora se suspendan las dos Miss.ˢ por ocupado yo, tengo por aca empleados quince sol-
(folio 2)
dados de Monterrey, y se haze necessario q el Then.ᵉ dexe ocho qˆ suplan en aquel Presidio.

Quedo con fina voluntad rendido a los preceptos de VE y con la misma pido a Dios gûe la importante vida de VExcâ por mu[chos] dilatados años. S.ⁿ Gabriel y Maio 1° de 1776 ·/·

Excmô Señor
Alas Plantas de VExcâ

Fernando de Riv.ᵃ y
Moncada (rúbrica)

Excmô S.ᵒʳ B.ᵒ Fr. D.ⁿ Antonio Bucareli y Ursúa

with the mandate of the Church, and because a petition for help from such a remote place is to be obtained only after much toil.

After having given an account to Your Excellency dated the 30th of January that the entire expedition was being detained here and at San Diego, because of the shortage of provisions and the desertion of the six men, Don Juan Bautista arranged to take the majority of them to Monterey. He notified me of the first [shortage of provisions] in San Diego. I agreed that it would be taken care of. We did not have news concerning the second [the desertion]. I was informed of it here and I knew this would work, even with the double motive.

I conferred power on Lieutenant Moraga that he should receive the inventories of the Lieutenant Colonel and piously deliver them to me.

The Lieutenant Colonel and I have discussed and agreed, through writing, how to bring about the establishment of the Fort of San Francisco. I have not seen the place to which they are destined. There are five soldiers and a mule train at San Diego pertaining to the port. I will send them there. When they are united with those that are here, I will give the order to Sergeant Grijalva to march to Monterey with him. I will send correspondence to Lieutenant Moraga that twenty soldiers, the settlers, and the five deserters are going with the Sergeant to establish the Fort of San Francisco.

There appears to be reason, Most Excellent Lord, to suspend both missions for now, because I am occupied. For workers for there I have fifteen soldiers
(folio 2)
from Monterey and, if necessary, the Lieutenant left eight men that can serve in that presidio.

I remain in perfect goodwill, subject to the precepts of Your Excellency, and with the same, I pray God to keep the important life of Your Excellency many happy years. San Gabriel, May 1, 1776.

Most Excellent Lord
At the feet of Your Excellency
Fernando de Rivera y Moncada (rubric)

To The Most Excellent Lord Bailio Frey Don Antonio Bucareli y Ursúa.

Anza Núm. 14

1 de mayo de 1776

Bancroft Library, Berkeley, California; C-A 368: 17; Anza, Juan Bautista de, 1735-1788: Cartas a Fernando de Rivera y Moncada, folios 26-27v

(Respuesta a la carta #8 de Rivera, fechada el 1 de mayo de 1776)

(folio 26)

Mui S.ʳ mio. Acavo de recivir
el oficio de Vm. En q.ᵉ se sirve confirmarme la re-
ssolucion del establessim.ᵗᵒ del P.ᵗᵒ de S.ⁿ Francisco sovre cuio particular, y lo q.ᵉ contiene el tercer capitulo,
me há parecido expressar a Vm. en esta, que conosco no hade ser de tanto agrado p.ᵃ Su Ex.ᵃ la uvicacion del mencionado fuerte, donde Vm. me insinua
                la
como en el q.ᵉ queda señalado con (una) Cruz que
tengo indicada á Vm. pues de este modo seve-
rifica el total predominio de el, sin que padesca la Nota, q.ᵉ el de S.ⁿ Diego, y otros: por cuia razon soi de
sentir, q.ᵉ esto es preferente, a las demas como-
didades q.ᵉ se apetecen p.ᵃ la Tropa: pues es cla-
           malo
ro q.ᵉ menos (claro) es, q.ᵉ tengan sus siembras,
y otras proporciones, halgo distante; q.ᵉ el que
p.ʳ disfrutarlas, se quede sin resguardo la Boca
del P.ᵗᵒ en donde no les falta la abundancia
de Leña, y pressisa Agua p.ᵃ su manutencion
en cuia sola ultima falta, sepuede recurrir al
otro sitio; que tambien no estando en el el Fuerte
           (folio 26v)
se puede aprovechar p.ᵃ el establessim.ᵗᵒ de una de
las Miciones; con lo que en la maior parte se logra poner enpractica, las prudentes resolucion.ˢ
de nrâ Superioridad, sinq.ᵉ p.ʳ esto se fustre el que la
Tropa que se establesca en el Fuerte, dexe detener
En que hacer algunos huertessillos: pues para
el efecto hai una Laguna intermedia entre
el Fuerte y Micion, q.ᵉ ataxandole su corr.ᵗᵉ en
tiempo oportuno; se recoxera Agua suficiente
p.ᵃ maiores intentos.

   Lo dho es unicam.ᵗᵉ exponer á Vm. mi sentir, p.ᵃ livertarme de toda Nota, enq.ᵗᵒ á este Es-
tablessim.ᵗᵒ sovre lo q.ᵉ Vm. dispondrá lo que le
paresca p.ʳ si solo.

Anza No. 14
May 1, 1776

Bancroft Library, Berkeley, California; C-A 368: 17; Anza, Juan Bautista de,
1735-1788: Letters to Fernando de Rivera y Moncada, folios 26-27v

(Response to Rivera Letter #8, dated May 1, 1776)

(folio 26)

My Dear Sir: I just received Your Honor's official communication which serves to support the determination to establish the Port of San Francisco. Concerning this particular and that contained in the third point Your Honor appears to express: In this I know that it has not been as agreeable to His Excellency to have the location of the aforementioned fort where Your Honor has suggested to me, as in the place marked by (-a-) the cross that I have indicated to Your Honor. Indeed, in this way the Port's total superiority will be verified without suffering the reputation like that of San Diego and other places. For that reason, I am of the feeling that this is preferential to the other comforts desired for the troop. Indeed, it is clear that it is not as (clear) bad to have their plantings and other allotments at some distance, as it is to enjoy those things and be left without a guard for the mouth of the Port, where there is no lack of abundant firewood and the necessary water for their maintenance. Should it ultimately fail, they can resort to the other site, which is also outside [the fort]. The fort

(folio 26v)

can be utilized for the establishment of one of the missions, with which, for the most part, the prudent resolutions of our Superior can be put into practice. If not for this, that which the troop is to establish in the fort, the making of some small gardens within it, will be frustrated. Indeed, for this purpose there is a lagoon half way between the fort and the mission where, by damming its flow at an opportune time, sufficient water will be collected for all major intents.

The foregoing is simply to explain my feelings to Your Honor and to absolve myself from reproach with regard to this establishment, concerning which Your Honor will resolve it as it appears to yourself alone.

Tambien me parece decir á Vm. que el mencionado establessim.^{to} no se deve conferir con
los Soldados, quienes p.^r lo regular prefieren
su interez, y comodidad al servicio y p.^r lo tanto tales azumptos, se comicionan á sus oficiales, y haviendo de estos á los anteriores, imm-
ensa distancia, es hacernos poco favor, en consultar con ellos, azumptos en q.^e no deven inter-
benir y si hai ordenanza q.^e previene, "q.^e quando
"un ofiz.^l q.^e manda, conzulta á los de su claze, lo q.^e
"el deve disponer; es señal de q.^e con la variedad de
                    (folio 27)
"pareceres, quiere embrollarle p.^a no hacer co-
"ssa de provecho;" q.^e se dirá en igual casso con-
                        simples
zultado con los (mismos) soldados.

Sovre el cuarto Capitulo digo a Vm. q.^e el
reparto del Ganado supuesto tiene tiempo,
sepuede dexar p.^a el: pues como tengo dho en
mi anterior en este azumpto, soi conforme
en q.^e acada soldado, y Poblador, sele dé una
Res hembra, un Novillo q.^e le pueda servir
de Buei, y p.^a todos, los Toros q.^e se regulen necessarios: De cuio modo se les da Reces provechosas,
y de procreo, con lo q.^e se excussan sentimientos.

Al quinto satisfago con decir q.^e la referencia (q.^e Vm. supone sehoiga con disgusto) en nada
perjudicará a los azumptos de q.^e Yo tenga el honor de informar áSu Ex.ª y q.^e conosca combienen p.^a el bien de estos Establessim.^{tos} en cuia
inteligencia estimaré á Vm. no se buelva á
mencionar esta especie:

Al sexto, y ultimo digo q.^e bien sabra
Vm. q.^e desde la nueva ordenanza de Pressidios
carecemos todos los Capit.^s de ellos, dela facultad
de licenciar á ningun soldado: lo q.^e esta re-
cervado unicam^{te} al Ynsp.^{or} Com.^{te} con q.ⁿ ofresco
                    (folio 27v)
á Vm. interesarme p.^r la q.^e solicita p.^a Pascual Bailon Rivera.

Ntrô S.^{or} gûe á Vm m.^s a.^s Micion de San
Gabriel, y Maio 1°" de 1776"

                    Blm.^o de Vm su seg.^o serv.^{or}
                    Juan Bap.^{ta} de Anza (rúbrica)

Sor D.ⁿ Fernando
de Rivera, y Moncada

It also occurs to me to tell Your Honor that the aforementioned establishment does not need to be discussed with the soldiers, whose interest and opportunity they would prefer be directed to the service. For that reason they appoint such matters to their officers. There being such an immense difference between these and the former, there is little value in consulting them. These are subjects in which they must not interfere and there is an ordinance that prevents it: "When an officer orders a consultation with those in his class about that which he must resolve, it is an indication that he desires to entangle it with a variety of

(folio 27)

opinions, so as to prevent it being made a thing of profit." This will be said to be a similar case, consulting with simple soldiers.

Regarding the fourth paragraph I tell Your Honor that time can be taken, of course, for the dividing up of the cattle. Indeed, as I have said in my previous letter on this subject, I am satisfied that each soldier and settler should be given one heifer, a steer that can serve as an ox, and everyone should have use of the bulls as needed. In this way it gives them cattle for working and for breeding, and by which resentments will be avoided.

I will satisfy the fifth paragraph by saying that the reference (which Your Honor assumes will be heard with disgust) will not in any way harm the affairs of which I have the honor to inform His Excellency and that are known to be agreed upon for the good of these establishments. With this knowledge, I will thank Your Honor for not bringing this subject up again.[49]

To the sixth and last [paragraph] I say that Your Honor well knows that from the time of the new ordinance for presidios, all captains of them have lacked the power to license any soldier. That is reserved solely for the Inspector Commandant, with whom I offer

(folio 27v)

to engage myself in that which Your Honor solicits for Pascual Bailón Rivera.

Our Lord keep Your Honor many years. Mission of San Gabriel, May 1, 1776.
Your certain servant kisses the hand of Your Honor
Juan Bautista de Anza (rubric)

To Señor Don Fernando de Rivera y Moncada

---

[49] See Rivera's response in Rivera Letter #12, end of folio 26v and beginning of folio 27.

107

Rivera Núm. 10

1 de mayo de 1776

Bancroft Library, Berkeley, California; C-A 368: 19: Rivera y Moncada, Fernando: Papeles relativos a su disputa con Juan Bautista de Anza, folio 17

(Respuesta a la carta #6 de Anza, fechada el 12 de abril de 1776)

(folio 17)

Sor Dn Juan Bapt.^{ta} de Ansa

Muy S.^{or} mio. Si no es igual el servicio q.^{e} se hace
en uno que en el otro parage, no desconfiando de
la permanencia de la agua, no haviendolos yo
visto, âVm proponia las razones que los vio, y
esperava fuesse de su aprovación no lo es, tampoco yo quiero sin conocimiento de los parages
disponer, porque iria muy expuesto â errar,
sea en buena hora âdonde Vm dice, no me enti-
endo por ocupado con precision â causa de que se
me acava el tiempo.

Estoy muy p.^{a} servir â Vm â quien pido â N.S. gûe
por m.^{s} a.^{s} Sn Gabriel y Mayo 1.º de 1776.

Fern.^{do} de Riv.^{a} y Moncada

Rivera No. 10
May 1, 1776

Bancroft Library, Berkeley, California; C-A 368: 19: Rivera y Moncada, Fernando: Papers relative to his dispute with Juan Bautista de Anza, folio 17
(Response to Anza Letter #6, dated April 12, 1776)

(folio 17)

Señor Don Juan Bautista de Anza

My Dear Sir: If the benefits are not the same in one place or another, not mistrusting the permanence of the water [and] not having been there or seen them, I would propose the reasoning that you observed. Not being there, I was hoping this would meet your approval. Nor would I want to make the arrangements without a knowledge of the places, because I would be very liable to err. It should be fine wherever Your Honor says. I cannot take charge because of being occupied with necessity. For this reason my time has run out.

I am very [anxious] to serve Your Honor, whom I ask Our Lord to keep for many years. San Gabriel, May 1,1776.

Fernando de Rivera y Moncada

Anza Núm. 15

2 de mayo de 1776

Bancroft Library, Berkeley, California; C-A 368: 17; Anza, Juan Bautista de,
1735-1788: Cartas a Fernando de Rivera y Moncada, folios 28-29

(folio 28)

Mui S.^r mio. El oficio de
Vm. de fh.^a de aier q.^e me dirigio, a las diez de la noche,
me dexa con toda satisfaccion p.^r combenirse con
mi dictamen sovre el Establess.^{to} del P.^{to} de S.ⁿ Fran.^{co} de
cuio modo conosco q.^e la daremos á Su Ex.ª pues no hai
duda q.^e verificandose assi, queda asegurado enteramente: pues á fucilassos sepuede defender, y obcervar con
tiempo á qualquier embarcacion, que se quiera introducir: lo q.^e no se conseguia de lo contrario, atentto
aq.^e en la Fuente, ú ojo de Agua delos Dolores, esta retirado (como digo en primer dictamen) dos leguas
de las Boca, y está tan oculta q.^e h.^a estar dentro del
P.^{to} la Embarcion, no se obcervaria su entrada,
ni menos su venida á el.

Al pie del Cantil blanco donde pusse la cruz,
jusgo q.^e en Pozos poco hondos, no puede faltar abundancia de Agua buena en la maior seca. Amenos
de un quarto de legua al sur, y donde Yo estube
acampado, esta otra buena Laguna de laque

(folio 28v)

salia un Buey, y esta corriente, o no, me dixo el Cavo
Robles vio aunq.^e largo en la seca passada al sueste. Y á como una legua esta otra q.^e tambien corre, y es la q.^e tengo dho á Vm. se puede atajar con
mui poco trabajo, y con solo tierra, p.^a q.^e sirva álos
Ganados, y p.^a hacer algunas Huertas. Amas de ella
hai otras dos intermedias ala propia, y al Fuerte
como tambien otros venceritos, vienq.^e regulo no se
an permanentes.

En tales circunstancias, y la deque no jusgo
q.^e falte como he dho la Agua pressisa al Fuerte
hera sencible, y notable no se establesiese donde consi-
ga el fin p.^a lo q.^e es creado, y rezuelto á expensas de
tantos gastos: en cuias graves (~~circunstancias~~)
é importantes consideraciones, y p.^r conseguir
tan altas ventajas, se pueden tolerar algunas
leves faltas: pues la excencial dela manutencion
pressisa p.^a la Tropa, la cuenta esta segura donde quiera q.^e el Rey la destino.

Para maior seguridad detodo lo indicado, me

Anza No. 15
May 2, 1776

Bancroft Library, Berkeley, California; C-A 368: 17; Anza, Juan Bautista de, 1735-1788: Letters to Fernando de Rivera y Moncada, folios 28-29

(folio 28)

My Dear Sir: Your Honor's official communication dated yesterday, that was delivered to me last night at ten o'clock, leaves me completely satisfied that you are in agreement with my statement concerning the establishment of the Port of San Francisco. Because of that I know what we can tell His Excellency. Indeed, there is no doubt it will be verified as so, that it remains completely secured. In fact, it can be defended with muskets and it can be observed in good time that whatever ship desires to enter there will not be able to do so. With attention to the Dolores fountain, or spring of water, it is situated (as I said in my first statement) two leagues from the mouth [of the bay] and is so well hidden that until a ship is inside the port it could not see where the entrance is, much less where it comes from.

At the foot of the White Cliff, where I placed the cross, there are fairly deep springs from whence there can never be a lack of abundant good water, even in the driest time of year. At less than a quarter league to the south, and where I was camped, there is another good lagoon from which

(folio 28v)

a spring flows. Also, whether it is running or not, Corporal Robles told me that he saw another one, although farther inland to the southeast. And, at about a league there is another spring that is also running. It is the one that I have told Your Honor can be dammed with very little work. It has clear land that will serve well for cattle and for some fields for farming. Moreover, there are two other intermediate springs at the same site, as there are also other workable springs at the fort. Although they can be improved they will not be permanent.

Under such circumstances, and that of which I judge, as I have said, there will not be a lack of water necessary for the fort, it would be sensible and conspicuous not to establish it somewhere that the end for which it was created should result in expenses that are extreme. Considering these grave (circumstances) and important considerations, and so that use may be made of these great advantages, a few trifling defects can be tolerated. Indeed, our calculation is certain for that which is necessary for the maintenance of the troop, anywhere the King allots it.

For the greatest security of everything indicated, it seems

parece será conducente el q.^eq.^{to} antes dirixa Vm.
orn al Th.^e Moraga p.^a q.^e del propio modo, passe
á retancar (p.^r primera providencia del establessi-
m.^{to}) las Aguas referidas: pues no dudo q.^e hiendo
pronto lo consiga, y con ello se liverte del cuidado
(folio 29)
q.^e lo contrario puede caussar, y tal vez fustrar
este
intento tan interessante al servicio del Rey, y seguridad asus Dominios.

Ntrô S.^{or} gûe á Vm m.^s a.^s S.ⁿ Gabriel,
y Maio 2" de 1776"

Blm.^o de Vm su seg.^o
serv.^{or}

Juan Bap.^{ta} de Anza
(rúbrica)

Sor D.ⁿ Fernando
de Rivera, y Moncada

conducive to me that before Your Honor gives orders to Lieutenant Moraga to carry out this same purpose, he should go (in the first order of things for its establishment) to re-dig the said waterholes. Well, there is no doubt that if he goes soon, it follows that it will free you from any cares

(folio 29)

to the contrary that the situation can cause and that might frustrate this intention that is so useful to the service of the King and the security of his dominions.

Our Lord keep Your Honor many years. San Gabriel, May 2, 1776.

Your certain servant kisses the hand of Your Honor
Juan Bautista de Anza

To Señor Don Fernando de Rivera y Moncada

Anza y Rivera Relación Solidaria
2 de mayo de 1776

Bancroft Library, Berkeley, California; C-A 368: 18; Anza, Juan Bautista de:
Relación de los caballos, mulas ...en el Press[idi]o de S[a]n Diego y mición de S[a]n Gabriel
pertenecientes a la expedición del P[uer]to de S[a]n Fran[cis]co folios 1-1v

(folio1)

N.º 33

Relacion de los Caballos, Mulas, y sus Aperos; como tambien las Reses
q.ᵉ hai existentes en el Press.º de S.ⁿ Diego, y Micion de S.ⁿ Gabriel pertenecientes á la Expedicion del P.ᵗº de S.ⁿ Fran.ᶜº y del mando del The. Cor.ˡ D.ⁿ Juan Bp-
ta de Anza q.ⁿ hace entrega de ellos al Cap.ⁿ D.ⁿ Fern.º de Rivera, y Moncada Com.ᵗᵉ de la Californ.ª septentrional en el dia de la fh.ª q.ᵉ avajo se epresa.

> Treze Caballos en la mencionada Micion
> Sinco Bacas con tres crias en la dha
> Cuatro Novillos en la dha
> Veinte y cinco mulas Aperadas en el Press.º
> de S.ⁿ Diego dhos Aperos maltratados mas, y me-
> nos.
> Cuatro dhas de silla en el mismo q.ᵉ ocupan
> los Harrieros
> Sinco dhas q.ᵉ ocupan los soldados en el mismo
> Cuatro Caballos q.ᵉ tienen los Destacados en
> el mismo.
> Yten otras siete mulas q.ᵉ quedan en esta
> de S.ⁿ Gabriel

Dha. Micion y Maio primero de mil setecientos setenta, y seis años.
Se Nota p.ª govierno no se incluie en esta una
mula q.ᵉ esta picada de Vivora, y se ignora
si morira, o vivira

> Juan Bap.ᵗᵃ de Anza (rúbrica)

> En la misma Miss.ⁿ y dia certico qˆ toda
> expresado arriva, es lo qˆ he recibido del The.
> Coronel D.ⁿ Juan Bap.ᵗᵃ de Anza, y mulas y
> caballos qˆ estan en S. Diego; los aparejos
> se hallan mas y menos maltrados y
> q conste lo firmo ==

> > Fern.ᵈº de Riv.ª y
> > Moncada (rúbrica)

(folio 1v)

Recivi del Com.ᵗᵉ D.ⁿ Fernando de Rivera y Moncada me-
dia fan.ª de Mais, y media dha de frijol, y p.ª q.ᵉ conste donde comben-
ga doi este en la Micion de S.ⁿ Gabriel a 2" de Maio de 1776"

> Juan Bap.ᵗᵃ de Anza (rubric)

114

Anza and Rivera Joint Report
May 2, 1776

Bancroft Library, Berkeley, California; C-A 368: 18; Anza, Juan Bautista de:
Report of the horses, mules ... in the Presidio of San Diego and Mission of San Gabriel,
pertaining to the expedition to the Port of San Francisco folios 1-1v

(folio 1)

Number 33

Report of the horses, mules, and their trappings; as also the cattle that are present at the Presidio of San Diego and the Mission of San Gabriel pertaining to the Expedition to the Port of San Francisco under the command of Lieutenant Colonel Don Juan Bautista de Anza, who has delivered them to Captain Don Fernando de Rivera y Moncada, commander of northern California, on the day of the below referenced date.

13 horses at the said mission.

5 cows with three calves at the said place.

4 steers at the same place.

25 outfitted mules at the Presidio of San Diego. Their said trappings are more or less worn out.

4 of the aforementioned are saddle mules that are ridden by the mule packers.

5 of the same aforementioned are ridden by the soldiers

4 of the horses they have are outstanding for the same purpose

Item. Another 7 mules that remain here at this Mission of San Gabriel

At the said mission on May 1, 1776

Note for the government: One mule that was bitten by a rattlesnake is not included in this list, and I am not aware if it lived or died.

Juan Bautista de Anza (rubric)

On the same day at the same mission I certify that everything expressed above is as it was received from Lieutenant Colonel Don Juan Bautista de Anza, and the horses and mules that are in San Diego. The pack outfits are more or less worn out, in certification of which, I sign.

Fernando de Rivera y Moncada

(folio 1v)

I received a half *fanega*[50] of wheat and the same of beans from Commander Don Fernando de Rivera y Moncada. I certify this in the Mission of San Gabriel on May 2, 1776.

Juan Bautista de Anza (rubric)

---

[50] About three quarters of a bushel.

Rivera Núm. 11
3 de mayo de 1776

Bancroft Library, Berkeley, California; C-A 368: 19: Rivera y Moncada, Fernando:
Papeles relativos a su disputa con Juan Bautista de Anza, folios 18-19

(folio 18)

Sor Dn Juan Bap.^{ta} de Ansa

Muy S.^{or} mio. Vm se sirva dispensarme, cerrando
ya mis cartas p.^{a} mandarselas âVm, al queres co
ser la dilig.^{a} de Sn Diego que sepracticó sobre el
Yndio refugiado, me ha faltado el Pliego numero
1° que es mi presentacion en que lo pedí; por mas
dilig.^{a} que he hecho no he podido encontrarlo, p.^{a}
que vm no se detenga, me precisa pasarle este
aviso; considereme como quedaré después de tanto travajar, y lo mucho que necesito de que fuesen

(folio 18v)

otros papeles, save Dios lo que de mi quiere) Las cartas
no pueden ir hacian relacion â la diligencia.

Por no echar mas fuego, esperando ablaremos
no contesté â lo que vm me dice en uno de los tres
oficios de 29 de Abril proximo pasado, pero experimentando no fue posible conseguirlo, digo. Que
de llegada el dia de nrô encuentro nos saludamos,
saludé en el modo que pude â los dos R.R.P.P. que
acompañavan âVm y â Dn Mariano el Provehedor, y después de que adverti no producia Vm cosa
alguna, segunda vez nos dimos la mano, y medio
piqué, no estando yo de mi parte para nada, dije
medio piqué, porque no llevava Espuela en el pie del
lado del dolor. Si el sentimiento de Vm se originó
porque no le ablé en los asumptos, ese mismo pudiera yo tener de Vm, (aunque no tanto) y con
algun motivo mas, porque Vm estava bueno, y
yo enfermo; si porque havia recivido Oficio de
Vm, tambien Vm lo havia recivido mio del mismo Sargento mas reciente, y me dijo que le contestara el suyo â Mexico, y no mencionó el
mio. Si Vm sirve al Soverano, yo tambien le
sirvo y he servido desde el año de 42, aunque
nunca en grado de Th.^{e} coronel, y igualmente
observó las Superiores Ôrns del S.^{or} Exmo. Sor D.^{n}
Juan con igual rigor que le Santo Tribunal
usa, pido se juzgue esta mi causa.

N.S. gûe â

Rivera No. 11
May 3, 1776
Bancroft Library, Berkeley, California; C-A 368: 19: Rivera y Moncada, Fernando:
Papers relative to his dispute with Juan Bautista de Anza, folios 18-19
(Response to Anza Letters 7 and 8, April 20, 1776)[51]

(folio 18)

Señor Don Juan Bautista de Ansa

My Dear Sir: Your Honor will excuse me, but I am already sealing my letters to send to Your Honor as you want to have information about the action taken in San Diego with respect to the Indian in sanctuary. I am missing letter bundle number one, which is my presentation.[52] I have asked about it and have searched with greater diligence, but have not been able to find it. So that Your Honor should not be detained, I am obliged to send you this notice. Treat me with consideration as I tarry after so much work, and for something that is needed so much more than

(folio 18v)

other papers (God only knows what he wants me to do). The letters in relation to this business cannot be sent.

So as to not fan the flames, and in hopes that we will talk, I did not answer what Your Honor said to me in one of your three official communications on the 29th of April just past. But seeing that this was not possible, I say that since the arrival of the day of our meeting in which we saluted each other, I greeted the two Reverend Fathers that accompanied Your Honor and Don Mariano, the purveyor, in the only way I could. The second time, we shook hands and I half spurred my mount, but nothing on my part was meant by it. I said I half spurred him because I was not wearing a spur on the foot on the side of my hurting leg. If the feelings of Your Honor arose because I did not speak to you concerning the [pertinent] subjects, I could hold the same against Your Honor (although not as much) and with greater reason because Your Honor was well and I was sick. Because I have received an official communication from Your Honor, Your Honor has also received my most recent communication from the same sergeant. You told me that you will send your deposition to Mexico but you did not mention mine. If Your Honor serves our Sovereign, I also serve him and have served him since the year of '42, although never with the rank of lieutenant colonel. And I equally observe the superior orders of His Most Excellent Lord [Viceroy]. Señor Don Juan, I ask that my cause might be judged with the same strictness that the Holy Tribunal employs.[53]

Our Lord keep

---

[51] Anza's scribe copied a portion of this letter, including the postscript, in a communication that was sent to Viceroy Bucareli from Horcasitas on June 22, 1776. Compare with "Anza to Bucareli #4" in Antepasados IX, pp. 50-53. A close comparison of the transcriptions and/or the originals will reveal some interesting grammatical differences.

[52] This was Rivera's report of his dealings with Carlos, the rebellious Native Governor of Mission San Diego, over whom Rivera had become excommunicated (see Rivera Letter #9, folio 1, third paragraph). The report was eventually found among other papers. See Rivera Letter #12, closing statement, folio 32v.

[53] Compare with Rivera Letter #12, folio 31v, first full paragraph.

(folio 19)

Vm m.ˢ a.ˢ S.ⁿ Gabriel y Mayo tres de 1776

Fern.ᵈᵒ de Riv.ª y Moncada

P.D.
Supp.ᶜᵒ se sirva Vm noti
ciar al S. Ex.ᵐᵒ de esta mi desgracia para que no es-
trañe S. Ex.ª la falta de mi carta.

(folio 19)
Your Honor many years. San Gabriel, May 3, 1776
Fernando de Rivera y Moncada
P.S.
I beg Your Honor to notify the Most Excellent Lord [Viceroy] of this, my mishap, so that the absence of my letter does not offend His Excellency.

Anza Núm. 16

3 de mayo de 1776

Bancroft Library, Berkeley, California; C-A 368: 17; Anza, Juan Bautista de, 1735-1788: Cartas a Fernando de Rivera y Moncada, folios 32-32v

(folio 32)

Mui S^r mio: Alas seis, y media de
la tarde de este dia, hé recivido la de Vm. de fh.^{a} del mismo, q.^{e} me entrego el Cavo Carrillo p.^{r} la q.^{e} quedo entendido del motivo q.^{e} le acompaña p.^{a} no dirigirme
ninguna carta p.^{a} Su Ex.ª y de imponer a este S.^{or}
del mismo (como me encarga en Su Posdata) lo q.^{e}
egecutaré con bastante sonrrojo mio, sin embargo de q.^{e} no soi Yo el q.^{e} cometo, tan remarcable herror: pues al menos con el tiempo q.^{e} hé dado
á Vm. p.^{a} escrivirle (y mucho mas con lo que
le embie ádecir aier mañana con el Sarg.^{to} Grijalva) no le faltava p.^{a} decirle lo propia, que
ámi me encarga p.^{r} medio de una cartta.

No llebando ninguna p.^{a} Su Ex.ª
tampoco tengo p.^{r} conducente (al respecto de dho S.^{or} Exmo y mi honor) conducir una
suelta q.^{e} acompañava la mia p.^{a} el P.^{e} Gu-

(folio 32v)
ardian de Sn Fernando de Mexico, q.^{e} es adjunta.

Ntrô S.^{or} gue a Vm. m.^{s} a.^{s} Ymm
ediaciones del Rio de Sta Anna y Maio
3" de 1776"

Blm.^{o} de Vm su seg.^{o} s.^{or}
Juan Bap.^{ta} de Anza (rúbrica)

Sor Dn Fernando
de Rivera, y Moncada

Anza No. 16
May 3, 1776

Bancroft Library, Berkeley, California; C-A 368: 17; Anza, Juan Bautista de, 1735-1788: Letters to Fernando de Rivera y Moncada, folios 32-32v

(folio 32)

My Dear Sir: At six thirty this afternoon I received Your Honor's letter of the same date, delivered to me by Corporal Carrillo, which gives me to understand your reason for not sending me any letter for His Excellency, and imposing on me to inform this gentleman of the same (with which you charge me in your postscript). I will do it with plenty of embarrassment on my part, notwithstanding I am not the one who committed such an astonishing error. Indeed, I, at least, have given Your Honor the time to write to him (and much more with what I sent by Sergeant Grijalva yesterday morning to inform you) without any lack of what is proper to tell him and entrust to me by means of a letter.

I am taking nothing [from you] for His Excellency, nor do I have anything official (with respect to the said Most Excellent Lord [Viceroy] and my honor) to convey a solution to accompany my attached letter to the Father Guardian

(folio 32v)

of San Fernando in Mexico.

Our Lord keep Your Honor many years. In the vicinity of the Santa Ana River, May 3, 1776.

Your certain servant kisses the hand of Your Honor.

Juan Bautista de Anza (rubric)

To Señor Don Fernando de Rivera y Moncada

Anza Núm. 17

3 de mayo de 1776

Bancroft Library, Berkeley, California; C-A 368: 17; Anza, Juan Bautista de,
1735-1788: Cartas a Fernando de Rivera y Moncada, folios 30-31v

**(Respuesta a la carta #11 de Rivera, fechada el 3 de mayo
de 1776)**

(folio 30)

Mui S.^r mio. En contestacion
del seg.^{do} Capitulo dela de Vm. de fha de este dia digo
q.^e aunq.^e no tengo tantos años de servir al Rey, como Vm. me dice en la misma: desde q.^e tube el honor
de comenzar la carrera propia, procuré el ins-
truhirme en lo mas comun (como es devido
á todo sirviente suio) en cuia inteligencia
nunca hé mesclado mis asumptos particulares, con los de oficio; como Vm. lo executa con sus años de servicio, y experien-
cia; p.^r lo q.^e le dixé en esta: q.^e no es de oficio (y si
p.^a q.^e la press.^{te} aonde guste) q.^e si Vm. p.^r no hechar
fuego, á una de mis tres cartas de 29" del pa-
ssado, en q.^e le pido no se toque este asumpto;
Yo p.^r q.^e no se interrumpiese nrâ comunicac.ⁿ
en lo perteneciente al servicio, tambien es-
cuse, el entregarle mi resp.^{ta} a sus mistas de
veinte, y ocho de Marzo y dos de Abril del pre-
ss.^{te} año, las q.^e havia hecho animo de quedar-
(folio30v)
me con ellas; pero á hora q.^e da ocassion se las incluyo, p.^a q.^e de su contenido infiera lo anteceden
tem.^{te} q.^e estan descubiertas sus maximas,
las q.^e confirman la press.^{te} ocacion (que ya
tambien se havia barruntado) con el
hecho tan honrrosso p.^a Vm. como es no
dirixirle una cartta aSu Ex.ª y solo acordar
se de este sin igual Sup.^{or} y Gefe en el Reyno,
en una Pos Data: cuio hecho igualm.^{te} acreditan los años, y experiencias de Vm. tan decantadas como fallidas, p.^r mas q.^e comprehenda lo contrario.

No le será facil disculparse del hecho de
nrô encuentro, en q.^e tambien accreditto sus
años de servicio; q.^e no se como no hán re-
flexado, q.^e siendo Yo ofiz.^l de mai.^{or} grado, teniendo ya compuida lamas de mi comicion
aq.^e hé sido embiado: pues ya en esta ocassi-

Anza No. 17

May 3, 1776

Bancroft Library, Berkeley, California; C-A 368: 17; Anza, Juan Bautista de,
1735-1788: Letters to Fernando de Rivera y Moncada, folios 30-31v
(Response to Rivera Letter #11, dated May 3, 1776)

(folio 30)

My Dear Sir:

In answer to Your Honor's second paragraph of today's date, I will say that although I do not have as many years of serving the King as Your Honor, as you inform me in the same letter, from the time I had the honor of beginning the present assignment I have done all in my power to instruct myself (as is incumbent upon all your servants) in what is most customary for its execution. I have never mixed my personal affairs with official duties, just as Your Honor has done with your years of service and experience. Because of that I said, in this instance, that it is not official duty (nor, indeed, is it for the present writing, if you please). In one of my three letters of the 29th of last month, if Your Honor did not set fire to it, I asked that you not bring this subject up,[54] so as to not interrupt our communications pertaining to the service. Also, excuse the delivery of my responses to your statements of the twenty-eighth of March and the second of April of the present year. I was intending to retain

(folio 30v)

them, but when the occasion arises I will enclose them, because what is contained in them infers what was suspected previously. Your schemes are discovered[55] and confirm the present situation (which had also already been suspected). This is an act so honorable for Your Honor, not to send a letter to His Excellency and only resolve it with a postscript and without an equal superior officer or commander in the Kingdom. This act is equally credited to Your Honor's highly exaggerated years and experience, which, on the contrary, are like deceptions to those who understand.

It will not be easy to excuse yourself from the way you acted at our meeting, which you also credited to your years of service, but I do not know how since they are not reflected [in your actions]. I am an officer of higher rank, having completed most of the charge on which I have been sent, and will do so between now

---

[54] Actually from a letter dated May 1st. See Anza Letter #14, folio 27, end of second full paragraph.

[55] See Rivera's response to this in Rivera Letter #12, last half of folio 27.

on, h.^a mi dictamen havia recivido; no bien
haverle acabado de Saludar q.^{do} le picó á
su Mula (con espuela, ó sin ella, q.^e esto no
viene al casso) y marcharse Vm. pre-
tende q.^e Yo le ruegué, rompa, ó le detenga,
(folio 31)
despues de esta grave impolitica: p.^r mas q.^e
Vm. quiera atribuhirla á efecto de su enfer-
medad; no queda sino en la anterior q.^e le es
propia, y mui comun. He tenido el honor de
haver acendido, (no p.^r el escalon de simple
soldado,) y de comunicar con ofiz.^s de distinguidas é ylustres clases; y assi aunq.^e de cortto
alcanze, sé dicernir el trato, de unos, y otros:
conq.^e no es mucho q.^e despues del lanze referido, escusase concurrir con Vm. p.^a escusarlos
peores, enq.^e sin duda Vm. seria el perdido.

Tambien me dice, q.^e igualm.^{te} q.^e Yo
obcerva
las Super.^s ôrds aunq.^e nunca en mi grado,
tomase Vm. tiempo p.^a decirlo: pues si se
olle, á otros q.^e no sea a Vm. lo contrario
se verificara; y p.^r mi se decir q.^e hé conosido
y conosco, desde q.^e lei sus cartas sitadas de
Marzo, y Abril hubieran quedadó fustra-
das las q.^e le hé condusido, y antes se le di-
rixieron p.^a el ymportante P.^{to} y miciones
de S.ⁿ Fran.^{co} si Yo con mi inutilidad no hubiera apurado tanto p.^r su efecto: quiera
el Cielo q.^e ya q.^e bolteo la espalda, no lo difie-
(folio 31v)
ra p.^a mas largo tiempo q.^e el q.^e me tiene insinuado con el espantajo de S.ⁿ Diego, q.^{do} los
Yndios desarmados, ni direccion en ningun
tiempo (aque tanto temé Vm.) estan pidien-
do la Paz, q.^e la incomparable Piedad de nrô
Soverano, se las há concedido con menos
instancias á otros, q.^e con mas conossim.^{to} les
han sido Ynfidentes y Apostatas á la Ygle-
cia, y Relig.ⁿ de q.ⁿ se lisongea justam.^{te} ser su
maior Defensor.

Ntrô S.^{or} gûe á Vm m.^s a.^s Ymmediac.^s
del Rio de Sta Anna, y Maio 3 de 1776"
Blm.^o de Vm su seg.^o serv.^{or}
Juan Bap.^{ta} de Anza (rúbrica)

Sor D.ⁿ Fernando
de Rivera, y Moncada

and when my statement will be received. My greetings were not properly completed when Your Honor kicked your mule (with or without a spur, this does not enter into the case) and marched off claiming that I implored you, interrupted, or detained you.

(folio 31)

After this grave rudeness, Your Honor, moreover, wanted to attribute it to the effects of your sickness. You did not touch on that in your previous letter, which is proper and very ordinary. I have been promoted by (not by the echelon of a simple soldier), and have associated with officials of distinguished and illustrious classes and, so, although of small capacity, I discern the treatment of one and the other. In this it does not take much, after the said dispute, to excuse oneself from concurring with Your Honor. It would be to excuse the worst, in which, without a doubt, Your Honor would be the loser.

You also tell me that you follow superior orders the same as I do. Although you never held my rank, Your Honor takes the opportunity to say this. Indeed, if you would listen to others who do not affirm Your Honor, the contrary will be verified. As for me, I say that I have known, and do know, since I read your cited letters of March and April, that those whom I brought here will have to remain disappointed after having been directed to the important Port and Missions of San Francisco. Heaven would desire, if in my inutility, I had not been in such a hurry to put the plan into effect, that I should turn my back on it; that I should not delay

(folio 31v)

for more time like that which you lured me into with the scarecrow of San Diego, where the Indians were not armed, were without leadership at any time (although Your Honor feared them so), and were asking for the peace that, in the incomparable compassion of our Sovereign, has been granted with less judgment to others who, with more skill, have been unfaithful and apostates of the Church and Religion, and of whom he is justly flattered to be their main defender.

Our Lord keep Your Honor many years. In the vicinity of the Santa Ana River, May 3, 1776.
Your certain servant kisses the hand of Your Honor
Juan Bautista de Anza (rubric)

To Señor Don Fernando de Rivera y Moncada

Rivera Núm. 12
24 de mayo de 1776

Bancroft Library, Berkeley, California; C-A 368: 19: Rivera y Moncada, Fernando:
Papeles relativos a su disputa con Juan Bautista de Anza, folios 26-32v

(Respuesta a la carta #8 de Anza, fechada el 20 de abril de 1776, y breve compendio de todas, mandado a un recipiente desconocido, probablemente el virrey)

(folio 26)

Sn Diego y Mayo veinte y cuatro de mil sett.^{s} sett.^{ta} y seis.
Los dos Oficios penultimos del testimonio fechos en Sta
Ana en tres de mayo, son en respueta del mio, que le
despaché de Sn Gabriel fuera al camino con la misma fecha tres de mayo; este no solo tubo en respuesta los dos ya
dichos, sino tambien la resulta de los dos fechos en la de S.^{n}
Luis en veinte de Abril, que son como cita el th.^{e} coronel
Dn Juan Bapt.^{ta} de Ansa en uno de los dos penultimos, en
respuesta de los mios fechos en este Presidio en veinte y
ocho de marzo y dos de Abril, que por no haverlos recivido en su tiempo y ahorrar confusion se pusieron
ultimos en el testimonio.

Me han causado tal verguenza que ni conbeni-
ente me parecio fiarlos â que los trasladara otra
mano por lo que van de la mia. No creo haya havido Cap.^{n} en los Extôs tan desgraciado â quien su
Coronel lo reprehendiese con tanta aspereza; ni q.^{e}

(folio 26v)

con mayor lo hubiera executado con migo Dn Juan
Bapt.^{ta} aun en el caso que viniera mandado de mi Juez
Pesquisidor; y que encontrara las cosas en estos establecimientos todas que estubieran con las Cavezas en
donde devieran tener los Pies. Deque eso no es asi se
deja ver en carta de S. Ex.ª fha en Quince de Diz.^{e} de
sett.^{ta} y cuatro, que me entregó el mismo Dn Juan Bap,^{ta}
y dice asi: "vajo el mando y ordenes de uno ha de estar
^â la custodia
"la dotacion señalada ^ de este Puerto, desde el punto
"mismo que el Cap.^{n} Dn Juan Bap.^{ta} de Ansa llegue â
"ese Presidio y haga entrega de ella âVm. vien enten-
"dido, que el proprio Cap.^{n} ha de asistir tambien â el re-
"conocim.^{to} del Rio de Sn Fran.^{co} p.^{a} poderme informar
"de lo que haya visto, y regresarse por el mismo Ca-
"mino con los diez Soldados que lleva escogidos de
"su Presidio, â demas de los que quedan señalados. De
que se puede inferir, que previendo y precaviendo
el Exmo Sor Virrey lo mismo que ha sucedido, dispuso lo
que queda dicho, y con todo esto no se ha escusado.

Rivera No. 12
May 24, 1776

Bancroft Library, Berkeley, California; C-A 368: 19: Rivera y Moncada, Fernando:
Papers relative to his dispute with Juan Bautista de Anza, folios 26-32v
**(Response to Anza Letter #8, dated April 20, 1776, and summary of everything,
sent to an unknown recipient, probably the viceroy)**

(folio26)

San Diego, May 24, 1776.

The two penultimate communications[56] of the testimony dated at Santa Ana on the third of May are in response to mine, which I dispatched from alongside the road at San Gabriel with the same date of May third.[57] This not only drew the response of the two letters already mentioned, but was a result of the two letters sent from San Luis on the twentieth of April,[58] which are cited by Lieutenant Colonel Don Juan Bautista de Anza in one of the penultimates. This was in response to mine dated in this Presidio on the twenty-eighth of March[59] and the second of April.[60] Because these were not received in their own time, they were placed last in this testimony to avoid confusion.

They have caused me such shame that it did not appear convenient to me to entrust them [to someone else] by transferring them from my hand to that of another. I do not believe there has ever been a Captain so disgraced in the King's armies, whose Colonel has reprehended him with such bitterness, nor with

(folio 26v)

such magnitude as Don Juan Bautista has done to me, even in the case that came by order of my examining judge. So, will you find in all these establishments that should be [constructed] that things are turned upside down?[61] That this is not so can be seen in a letter from His Excellency dated December 15, 1774, delivered to me by the same Don Juan Bautista and which says the following:

> "under command and orders of one [officer], the foundation for the custody of this port ought to be marked out from that same point when Captain Don Juan Bautista de Anza arrives at that presidio and makes delivery of the [expedition] to Your Honor. It should be well understood that the same captain has also to attend to the reconnaissance of the San Francisco River, so I can be informed of what was seen. Then he should return by the same road with the ten soldiers, chosen from his presidio, that he will bring with him, above and beyond those appointed to remain."

It can be inferred from this that what the Most Excellent Lord Viceroy has arranged and cautioned against has been taken care of. Everything that was ordered has been accomplished and with all nothing has been omitted.

---

[56] See Anza Letters #16 and #17.

[57] See Rivera Letter #11.

[58] See Anza Letter #7 and #8.

[59] See Rivera Letter #1.

[60] See Rivera Letter #2.

[61] Literal translation, "The head is where the feet need to be."

Consta de mi Oficio de Abril veinte y dos, haverle
informado pormenor de la enfermedad y dolor q.ᵉ
padecia quando nos encontramos, que en uno de
los tres mios en S.ⁿ Gabriel de Abril veinte y nueve
que le ofrezco satisfaccion, sirviendose decirme, qual
deva dar, igualmente consta en otro oficio mio
en S.ⁿ Gabriel y mayo uno; que admirandome su
grande sentimiento, digo, que si falté en algo aqui
se pudiera haver compuesto, y que libre de eso abla(ra
(folio 27)
su merced â S. Ex.ᵃ en tan varios asumptos como sele
ofreceran; porque creo no habra quien con gusto oiga
referir discordias. Assimismo le digo en el citado, que
con un enfermo se dispensa. Si yo me hallara gravem.ᵗᵉ
culpado que mas pudiera ofrecerle â este cavallero.
Y quanto menos deviera el haver hecho no recono-
ciendo culpa en mi. Pero aun asi se negó â la satisfaccion, que le ofreci, como se ve en su respuesta, apeteci-
endo sola la que por disposicion del S. Ex.ᵐᵒ se le pueda
dar, y dirigiendo en la ocasion presente al Ex.ᵐᵒ S.ᵒʳ
Virrey el testimonio de sus oficios, y mios esperando
hallar en S. Ex.ᵃ la justicia que me prometo; digo lo
primero: que en quanto â lo que me imputa de
impolitico y desatento, de todo esto, que ve âmi misma Persona, no recivo agravio, ni sentimiento;
por ser cierto que la honra es de quien la hace; pero
lo recivo muy grande en lo que dice, estar descubiertas mis maximas, que no comprehendo quales
sean: y pasando â uno de los fechos en S.ⁿ Luis, enq.ᵉ
despues de otras cosas por capitulos me vá respondi-
endo, digo â lo prim.ᵒ que el hecho del Sarg.ᵗᵒ Gongora
executado en el Carmelo en tiempo de semana
Santa; lo executó en mi ausencia, hallandome
en la Mision de S.ⁿ Luis, y por carta del mismo
Sarg.ᵗᵒ que ami regreso encontré en el camino llegado que fui al Presidio, presente Gongora, hice
llamar al Guarda Almacen D.ⁿ Juan Soler, y â los
dos Cavos de Guardia, Juan Josef Robles, y Hermenegildo Sal, delante de quienes âfeé el hecho, y re-
(folio 27v)
prehendí seriamente â Gongora, pues no para otro asum-
to, sino para ese mismo los hice llamar, lo que podran
en todo tiempo declarar: y luego en la misma mula, q.ᵉ
aun no le havian quitado la silla môté, y me fuy al
Carmelo en donde manifesté mi grande sentimiento
al R.P. Presidente. Me dijo S.R. que conmigo todo era
facil componerse; me leyó una declaracion que havia
dado el Cavo de la Escolta Marcelino Brabo, y haviendo

128

As is evident in my official communication of April twenty second,[62] you have been informed, at least, of the sickness and pain from which I suffered when we met each other. In one of the three letters of mine [written] at San Gabriel on April twenty-ninth[63] I offer amends asking him to tell me what must be done. Equally evident in another official letter of mine [written] in San Gabriel on May first,[64] admiring his great sentiment, I say that if I lacked in anything he should have summed everything up and, thus freed from [my faults], he should have expressed

(folio 27)

his will to Your Excellency on the various subjects they present, because I do not believe anyone enjoys hearing discord referred to. Likewise, I also say in the cited letter that one is exempted when he has a sickness. If I should be found gravely at fault, what more could I offer this gentleman? And how little he needed to have done to have not found fault in me. Even so, however, he denied the satisfaction that I offered, as you can see in his response, only craving the disposition that His Most Excellent Lord [Viceroy] could give.[65] In the present situation I am directing the testimony of his official correspondence, and mine, to His Most Excellent Lord, hoping to find in Your Excellency the justice that I have been promised. First, I will say regarding the impoliteness and rudeness that he attributes to me, in all of this you see in my very person that I take no insult or have no hurt feelings. It is for certain that the honor goes to the one who produces. However, I am very concerned about his saying that he has discovered my schemes.[66] I do not understand what those might be! Now, after these other things, I refer to one of his letters written in San Luis.[67] I am going to respond to it by paragraph. I say to the first one that the actions of Sergeant Góngora in Carmelo during the time of Holy Week were executed in my absence. I was at the Mission of San Luis and during my return I received a letter from the same Sergeant while on the road. When I arrived at the Presidio I interrogated Góngora. I called the keeper of the storehouse, Don Juan Soler, and the two corporals of the guard, Juan José Robles and Hermenegildo Sal before me as witnesses to the proceedings, and I

(folio 27v)

seriously reprimanded Góngora. Indeed, for no other reason did I call [the witnesses], but for that same [incident], so they would be able to give their declaration for all time. Then, on the same mule, because they had not even removed his saddle, I mounted up and rode to Carmelo where I expressed my deepest regrets to the Father President.[68] His Reverence told me that all the differences are easily settled. He read me a declaration that he had given to the corporal of the guard, Marcelino Bravo. Having

---

[62] See Rivera Letter #4.

[63] See Rivera Letter #7.

[64] See Rivera Letter #8, folio 15v, second full paragraph.

[65] See Anza Letter #14, folio 27, second full paragraph.

[66] See Anza Letter #17, first lines of folio 30v.

[67] See Anza Letter #8.

[68] Friar Junípero Serra.

dho â S.R. que reñí y reprehendí al Sargento, no haviendo experimentado que S.R. me hubiese escrito
ni que alli vervalmente me pidiese satisfaccion siendo quien me parece, podia hacer las veces de parte
no procedí âmas pareciendome havia cumplido
con mi oficio.

Sobre el primer Capitulo no ay nada q.^{e} decir.
Y al segundo digo, que consta en Posdata del mio de
Abril veinte y dos que ofrezco darle en Sn Gabriel devida respuesta â la que me entregó Gongora, lo exe-
cuté en dha Mision, con fha veinte y nueve del mismo Abril, en la que le cito la misma fha del suyo
doce del dicho que reduciendose en sustancia al Fuerte y Misiones de Sn Fran.^{co} le digo, aunque no tan
estendido por la falta de escriviente, que Su Merced
no padecia, que desde Monterrey me resolví âque
el Th.^{e} Dn Josef Joachin Moraga con el Sargento Gri-
jalba, veinte Soldados, los Pobladores, y cinco Mozos
se pasase al Puerto de Sn Fran.^{co}: le digo igualmente
que al tiempo de mi marcha no quedó en Sn Diego
concluido el negocio de Yndios, por lo q.^{e} fundandose
(folio 28)
el Fuerte, se suspenderian las dos Misiones por la razon
que para que el Th.^{e} se retirase de Monterrey hera necesario dejase alli ocho soldados que suplieran, por tener
yo aqui quince de aquel Presidio. Que lugar queda pues
para quejarse de que no le he respondido âsu Oficio de
doce de Abril. Como ni tampoco para acusarme me
$^{\wedge}$p.^{a} tratar
he negado â concurrir en aquella Mision $^{\wedge}$los importantes asumptos del R.^{l} Servicio, quando es constante que con ingratitud, desaire âmi, y escandalo de
otros se me negó, sin que fuese posible conseguirlo,
aun ofreciendole dar âsu arvitrio la satisfaccion
por tal de que el Servicio no se atrasase, y aun asi
me quiere arguir de lo contrario. No puedo menos
que decir no alcanzo â atar estos Cavos, y tampoco
â comprehender donde vá â terminar este sentido
bien que en Mexico no faltará quien comprehenda
lo que âmi me falta.

Consta en oficio mio en Sn Gabriel de Mayo
"primero, que le digo "En asumpto â Sn Fran.^{co} no ay
"mas de lo dicho." En Sn Diego estan cinco pertene-
"cientes â aquel Puerto, iré, y los despacharé con
"ôrn al Sargento de que se retiren â Monterrey, y
"a Moraga la correspondiente paraque pasen â
"Sn Fran.^{co} en la forma misma que ya comunique
"âVm." Ygualmente consta en otro mio fho en

130

told His Reverence that I had scolded and reprimanded the Sergeant; and not having known if he should have written to me or asked me verbally for an apology; with him being the kind of person he appears to be, and having been able to accomplish what was expected of me, I did not proceed to do more. It appeared to me that I had completed my official duty.

There is nothing to say about the first paragraph. To the second I say that it is evident in a postscript of mine on April twenty-second[69] that I offered to give the due response in San Gabriel concerning what Góngora delivered up [in recompense] to me. I wrote a letter from the said mission dated the twenty-ninth of April[70] in which I cite his letter of the twelfth of the same month,[71] which can be reduced in substance to [a report of] the fort and missions of San Francisco. I say that, although it was not very extensive due to the lack of a scribe, something for which His Honor was not liable, from it I resolved to send Lieutenant Don José Joaquín Moraga with Sergeant Grijalva, twenty soldiers, the settlers, and five workers to the Port of San Francisco. I also say that at the time of my march, negotiation with the Indians in San Diego was still not concluded. Because of the founding

(folio 28)

of the fort, the two missions were suspended. For the reason that the Lieutenant had to return to Monterey, it was necessary to leave eight soldiers there to fill the void, because I had fifteen from that presidio here with me. What place does he have, complaining that I have not responded to his official Communication of April 12th? Neither does [he have] cause to accuse me of refusing to meet with him in that mission, to deal with such important subjects of the Royal Service, especially when he constantly, and with ungratefulness, rebuffed me and opposed me because of the faults of others. Without [his cooperation] it was impossible to succeed, even when offering to satisfy his free and uncontrolled will and pleasure, so that the Service might not be obstructed, although he wants to argue with me to the contrary. I furthermore say that I do not pursue confining myself to these extremes, neither do I understand where these feelings are going to end fully, although he who understands in Mexico will not fail me in that which I need.

It is evident in my official communication from San Gabriel on May first, in which I say,

"On the subject of [who should be sent] to San Francisco, there are no more [men] than the said number. There are five who have been assigned to that Port in San Diego. I will go and dispatch them with orders for the Sergeant to return to Monterey and corresponding orders for Moraga to go to San Francisco, in the same form that I have already
communicated to Your Honor."[72]

It is equally evident in another letter of mine dated

[69] See Rivera Letter #4, postscript.
[70] See Rivera Letter #5, first paragraph.
[71] See Anza Letter #6
[72] See Rivera Letter #8, paragraph 2.

la misma Mision Mayo primero en que le digo p.^r
razones de otro suyo, que enhorabuena se ponga
el Fuerte en el parage que dice: Aque biene pues
ahora que despues de acordado todo eso me diga
(folio 28v)
en su oficio todo lo que me dice. Y no ay duda, porque
aunque es fha atrasada, consta que despues me lo em-
bio, y si quisiera que no tubiera valimiento, lo sus
pendiera como pasado su tiempo. Se conoce la ninguna Justicia que le asiste pues si la tubiese no se
viera precisado â valerse del conjunto de tan varias cosas para abultar; y de sus razones se infiere la
diferiencia en considerar de uno que entrapara
en breve salir, â otro â cuyo cargo quedan las resultas, y el responder de todo. Si aquella parte de
tropa que estava en Monterrey, suplia los oficios
de los que yo tenia aqui de aquel Presidio, y para
que el Th.^e sepueda retirar â S.ⁿ Fran.^{co} es necesario
que yo despache al Sargento con los demas que
se hallavan en S.ⁿ Gabriel y aqui, y despues de todo
aun deve alli dejar ocho el Th.^e, se evidencia que
aun estando la Tropa en aquel Presidio contri-
buian en darme socorro p.^a las fatigas que aqui
eran precisas en ôrn â la pacificacion de S.ⁿ Diego,
que procurava abreviar con este auxilio, para
poner quanto antes mano â lo de S.ⁿ Fran.^{co} basta
paraque en Mexico se haga la devida reflexion.

Al quinto Capitulo en mi oficio tengo ya
dho lo que deviera en este, añadiendo solo lo difi-
cil quese me hace, llegar â persuadirme, que los
R.R.P.P. despues de tanto esperar resolvieran reti-
rarse en tiempo que vehian se les acercava ser
destino, con la Tropa yá aqui, y q.^e si se diferia
(folio 29)
un tanto era conjusto motivo.

Al sexto en parte tengo ya respondido en el mio
fecha en S.ⁿ Diego en dos de Abril. El Sargento quedi-
ce, prefirio â dos Capitanes y que es berguenza decirlo
fue con ôrn deuno, y con consentimiento del otro, que
en su presencia se le dio la ôrn en la misma noche
de su marcha, la que dificultandose pudiera hacerse
con un solo cavallo cada Soldado, respecto â lo muy
flacos, y trabajados que estavan los pocos q.^e havia
haviendo insinuado el Sargento si p.^a aliviarse lle-
varian mulas; resolví que nô, por la razon que entonces di: que andando en la pastoria yeguas, pari-
das al instante que separaran de ellas las mulas,
seria todo un rebuzno; que es contrario al silen-

May first in the same mission in which I say, for reasons other than his, that it is well and good that the fort be put in the place that he says.[73] Now he comes, after I agreed to all of that, and tells me

(folio 28v)

in an official communication all that he had already told me.[74] There is no doubt about this because, even though it has an earlier date, it is evident that he sent it to me afterwards. If he had not wanted to gain benefit by it, he would have suspended it because it was outdated. He knows the complete lack of justice that attends it. Indeed, he had to have seen the exact value of the second letter for improving such various things for himself and for his reasons. He infers the difference in consideration of one who dusts himself and quickly leaves. It remains for another to respond to the results of his charge in everything. Indeed, that part of the troop that was in Monterey supplied the work for those that I had here from that presidio. For the Lieutenant to be able to return to San Francisco, it was necessary that I dispatch the Sergeant and the rest of those who were at San Gabriel and here. After all of that, the Lieutenant had to leave eight [men] here. This proves that even though the troop is in that presidio, they were contributing by giving me support for the labors that were necessary for the pacification of San Diego. He was soliciting that this auxiliary be cut short to lend a hand, as soon as possible, to that of San Francisco so that he could make due reflection of it in Mexico.

Concerning the fifth paragraph,[75] I have already said in my official letter what must be said on this matter.[76] I only add here that it causes me difficulty with him trying to persuade me that the Reverend Fathers should return after waiting so long. And this at a time when they could see how close they were to their destination, and with the troop already here, [saying] that if there was a

(folio 29)

small delay, it was for a just cause.

I have already responded in part to the sixth [paragraph][77] in my letter dated in San Diego on the second of April.[78] He says I preferred one sergeant to two captains and that it was an embarrassment to him. However, the order was given by one, but with the consent of the other, because it was given in his presence on the same night of his march. It would have been very difficult to do with only one horse per soldier, considering how very lean and overworked the few that were available were. He was suggesting that the Sergeant, in order to alleviate the problem, should take mules. I resolved not to do that for the reason I gave then. There were recently foaled mares running in the same pasture and the instant that we would have removed the mules from them they would have all gone to braying and would have completely shattered the silence

[73] See Rivera Letter #10.
[74] See Anza Letter #15.
[75] See Anza Letter #8, folio 22, paragraph marked (5).
[76] See Rivera Letter #2, fourth paragraph
[77] See Anza Letter #8, paragraph marked (6-9) in folio 22v.
[78] See Rivera Letter #2, paragraph 7.

cio que se requiere para apresar los Yndios. Si
entonces el Th.ᵉ Coronel hubiera sido de Dictamen
que la Tropa podia marchar en mulas, como lo es
ahora, porque quando me lo oyó, no me contra-
dijo. Que me alegré del oportuno socorro en el apuro que me encontró, no ay la menor duda, tampoco la puede haver, que el no haver salido el Th.ᵉ
Coronel y yó fue por falta de Cavallos: prueva
de ello es que en la segunda salida que el Sarg.ᵗᵒ
hizo, dio cuenta que no subieron â la sierra cuatro Soldados, porque haviendosele cansado â dos
los Cavallos, le precisó â dejar otros dos que les
acompañaran. Está dha la genuina ê ingenua
verdad de lo que sucedio: pero conseguida ya mi
(folio 29v)
presa se los principales actores del revelion, y pacificada
la Tierra, viendo el poco tiempo, y el modo en que se
ha conseguido sin muerte alguna ni destrozo de Gentiles permitaseme decir, que concivo un no se que, al
pensar lo que pudiera haver sucedido, si se hubiera
verificado salir los dos Capitanes con cuarenta hombres. A los Capitulos once y trece, en que dice, era
ocioso remitirme cavallos de su expedicion con
correos; pues en tal caso y para el numero que
yó apetecia, mejor servirian los que el Th.ᵉ Moraga regresó del seguimiento de los Desertores. Respondo que consta por carta del mismo Th.ᵉ fha en S.ⁿ
Gabriel dos de Marzo que regresado de la dilig.ᵃ dha,
se le quedaron cansadas cuatro Bestias, y tres que
le mataron los Yndios, con dos mas, que perdieron
los Desertores son nueve; y que â su arrivo â dha
Mision encontró Carta ôrn del Th.ᵉ Coron.ˡ en que
le dice: sino le fuere gravoso conducir â los dhos
hasta su alcance, lo haga, y deno los entregue al
Sargento dándome parte âmi. concluye, que
los entregó al Sargento por no poderlos pasar
adelante por la falta de Bestias. Delo dho consi-
dere el que gustare que Bestias podrian ser de
las que yo me socorriera con las que regreso el
expresado Th.ᵉ y podriayó hallarme, en el diario se vé.

Al Capitulo catorce digo; sea ô no cierto que
en aquella parte vieron al Yndio de S.ⁿ Diego es
(folio 30)
constante en todo este Presidio. que en el actual estado de estos Yndios, hasta el dia de la fha no se ha verificado hacerse una Campaña en aquellos parages
y no sé â lo que alude aquel parentesis, en que encie-

that is necessary for the capture of Indians. If the Lieutenant Colonel, at that time, had been of the opinion that they should have ridden mules, as he is now, why then, when he heard my above statement, did he not contradict me?[79] How happy the convenient fresh supply of men made me in the burden under which I was laboring. There is not the least doubt, neither could there be, that the reason that the Lieutenant Colonel and I did not go on the march was the lack of horses. The proof of this is the second sortie made by the Sergeant. He claimed that four of the soldiers did not ascend into the mountains because two of the horses had become exhausted and he was obliged to leave two others that they had with them. The foregoing is the pure and unbiased truth of what happened. However, the capture

(folio 29v)

of the principal actors of the rebellion followed and the land was pacified after a little time. And this by the method that has been pursued, without the death of anyone or destruction of gentiles. Permit me to say that I believe that no one can imagine what would have happened if the two captains had actually gone out with forty men. In paragraph eleven and thirteen[80] he says it would have been fruitless to send me horses from his expedition with the mail. Indeed, in such a case and for the number that I needed, those that Lieutenant Moraga returned with after chasing the deserters would have served me better. I respond that it is evident from a letter written by the same Lieutenant and dated in San Gabriel on the second of March[81] containing the report of the said [pursuit], that four animals were exhausted and three were killed by the Indians. Counting two others that the deserters lost there were a total of nine that were [unavailable]. Furthermore, upon his arrival at the Mission, he found a letter from the Lieutenant Colonel[82] in which he was told, "If it is not too hard on them to bring them with you until you catch up with me, then do so. Otherwise, deliver them to the Sergeant and send me notice." I concluded that he delivered them to the Sergeant because he was unable to move forward due to a lack of animals. In regard to the foregoing, he should have considered that I would have liked it if those animals could have been among those that should have been assisting me, as well as those with which the said Lieutenant returned. And I could have been included in the daily logbook that he oversees.

I say to paragraph fourteen[83] that whether it is certain or not that they saw the San Diego Indian, it is

(folio 30)

known throughout all this presidio, that in the actual condition of these Indians
up to today's date, there has never been a campaign in those places. And I do not know what he alludes to in the parenthesis when the

---

[79] Anza had already given his reason for not contradicting Rivera in this matter: "I passed over this in silence and proposed no alternative, thinking that we would march out in pursuit on some other occasion." See Anza Letter #8, beginning lines of folio 23.

[80] See Anza Letter #8, paragraph marked (11 & 13) in folio 24v.

[81] Missing Moraga letter.

[82] Missing Anza letter.

[83] See Anza Letter #8, paragraph marked (14) in folio 24v.

rra el Th.^e Coronel estas Palabras (acomodele âVm.,
ô no) dejo ya dicho, no se como atar estos Cavos.

Al quince y diez y seis en que me dá las grâs,
y nó duda que me las dará tambien S. Ex.ª por la
negativa de Escolta, Viveres, y Bestias, hecha al venerable P. Garces su dependiente: respondo con
lo que digo en mi Oficio al mismo Th.^e Coronel,
que supuesto no dilataria su merced excriví al
dho P.^e le aguardase, y confiriese esos asumptos,
y si le encontrase, que le diera el Bastimento q.^e
gustara de lo que tubiera la Escolta. Haviendo
yo concurrido con dho P. en Sn Gabriel, me pidio
un Cavallo p.^a su Yndio, dige al Sarg.^to Grijalva se
lo entregase â Su R.^a. Dijome dho P.^e que supuesto
que el Presidio no tenia Vastimento, y la Mision
se lo dava, que se le pagara de cuenta de el Rey
â la Mision: respondí â S.R. que no tenia ôrn
del S.^or Exmo sobre el particular; que le escriviera
S.R. â Dn Juan Bautista que me pasara un
oficio, y seguram.^te se pagaria, Asi juzgo devia
hacerse, y que no falté en cosa alguna, quanto
menos haviendo dho despues al R.P. Paterna
que aunque no se pasase el Oficio se la pagaria
el Bastimento â la Mision. Que cosa con ma.^r

(folio 30v)

acierto le pudiera haver escrito, siendo su dependiente, que el que le esperara, y confiriera sus
asumptos? con uno ô dos de Escolta no podia yo ares
gar â dho P. por las razones que en respuesta por
carta le di, â la que me remito. Siendo su Depend.^te
savia muy bien los trasiegos de el P. pues como
lo dejó en el Rio Colorado sin Escolta, pasandose
con tanta Tropa p.^a aca? Despues de eso, y de no
haverle esperado dicho P. como le escrivi, viene de
mostrando, no le agrada, que yo no se la diese
hallandome como me hallava en tantos apuros.
Casi al mismo tenor es lo del Bastimento que se
halla â la fha este Presidio sin nada, y no parezca ponderacion, pues no tiene ni medio Alm.^d
de maiz. Los puntos que restan, como respues-
tas de mis oficios me remito â ellos. Sin embargo
apuntaré algo sobre lo que me dice de la Tropa
que ha conducido; de su Oficial y del de este Presidio. Haviendo estado en Monterrey man-
dé señalar cinco hembras de los cerdos que
estavan en Pastoria, otras le entregó â una
familia de aquel Presidio que aun no se le havia
dado, como â las demas Familias, y los restantes

Lieutenant Colonel encloses these words "(whether Your Honor is convinced by it or not)." As I have already said, I do not confine myself to these extremes.

To the fifteenth and sixteenth [paragraphs] in which he thanks me, and in which I do not doubt that Your Excellency will also give me thanks,[84] for the denial of an escort, supplies, and animals made to his subordinate, the venerable Father Garcés. I respond with what I said in my official letter to the same Lieutenant Colonel.[85] I supposed His Honor would not delay [so] I wrote to the said Father that he should wait and confer [with Anza] upon these subjects, and if he did he would find that he would be given the provisions that should please him from the guard's supplies. Having concurred with the said Father in San Gabriel, he asked me for a horse for his Indian. I told Sergeant Grijalva to give one to His Reverence. The said Father told me that he surmised that they did not have any provision at the presidio. [He said] that the mission would give it to him and that it would be paid for by the King's account at the mission. I responded to His Reverence that I did not have orders from the Most Excellent Lord [Viceroy] on that particular, and that His Reverence should write to Don Juan Bautista for him to give me an official order, and surely it would be paid. This is what I judged needed to be done and I did not fail in anything, having said afterwards to the Reverend Father Paterna that, even if the official order was not sent, the provision would be paid for at the mission. What could have been written

(folio30v)

with more discretion? [The Father] being his subordinate, what more could have been hoped for or deliberated on these subjects? I could not protect the said Father with one or two guards for the reasons that I gave by letter in response, which I here remit:

> He being your subordinate, you would know very well concerning the Father's movements. Indeed, how did you leave him on the Colorado River without a guard and come here with so many troops? After that, and the Father not having waited there, as I wrote to you, he came demonstrating that he was not pleased that I should not give him anything, being beset as I was with so many afflictions. Nearly the same tenor is that about the provisions, there having been none to be found in this Presidio at the time. Nor should this appear to be an exaggeration. [The Presidio] does not have even a half *almud*[86] of corn. I will answer the rest of the points that were given as responses to my official communications, notwithstanding, I will point out something about the troop that was brought here, as told to me by your officer and the one from this Presidio. Having been in Monterey, I ordered that they cut out five sows from the pigs that were in the pasture. Others had been delivered to a family of that Presidio, even though the same had not been given to the rest of the families and all the others.

---

[84] See Anza Letter #8, paragraph marked (15 & 16). Even though Anza's appreciation was obviously given in sarcasm, Rivera endeavors to use it here to his advantage in his attempt to gain the Viceroy's approval.

[85] See Rivera Letter #2, paragraph 16.

[86] Quarter of a bushel

todos dige al Th.^e los repartiese â los de S.ⁿ Fran.^{co}
La misma tarde que me marché p.^a acá di ôrn
al Th.^e les mandara matar â los de Monterrey
un Toro del Ganado que alli pertenece; y â los
de S.ⁿ Fran.^{co} un Novillo, ô Toro del Ganado de aquel
(folio 31)
Puerto. Consta en mis oficios lo que asu favor traté
con el Th.^e Coronel de Ganado, Bestias, y aun del parage
para su Establecim.^{to} en dho Puerto; y en carta, lo que
escribi al S.^{or} Exmo del Th.^e Que fé se le puede dar â lo que
expone el Th.^e Coronel? ni que lugar tiene la embidia? la
misma sustancia tienen estos dichos que los otros. El
S.^{or} Exmo nos mandó â los dos endistintas ocasiones, y
ambos hemos mostrado nuestro empeño en satis-
facer â S. Ex.ª. Del Th.^e de acá expuse solo mi parecer â
dho S.^{or} Exmo p.^a librarme de aquella parte que pude tener
en su Empleo, por no haver propuesto yo en Mexico
en su contra, y fue porque me hice cargo cumpleria
mis ordenes como las havia satisfecho en Californias
en el tiempo que sirvio de Sargento, y haviendo experimentado, que en dos ocasiones havia faltado â ellas
aqui, quise eximirme de aquel miramiento.

En punto â los oficiales de Guerra vengo â la
ver por D.ⁿ Juan Bap.^{ta}, el atraso del R.^l servicio, segun dice, todos se despidieron en paz, como consta al
S. Exmo de sus Oficios por el Diario; sin embargo responderé si algo resultare.

Y â lo que dice: mando despoticamente, no
creo lo hará menos en su Presidio de Tubac, y q.^e
no procederan de otra manera en otros Presidios
sus Capitanes; y aunque por el genio escusara lo
posible de mandar, por el trabajo que consigo trae
confieso, que sin dispensa acostumbro usar de eficacia por tener â todas horas, y siempre presente
se han confiado ami cuidado estos Establecim.^{tos}
tan distantes del recurso, y que si yo fuera facilen-
todos los acontecimientos â decir si, y conform.^e
(folio 31v)
con todo, considerando daria todo por tierra, me
hace eficaz, y no ofrezco, otra enmienda, mientras
esté sobremi la Carga.

Pasando como ahora se executa, estos Papeles â
V.E. sup.^{co} rendidam.^{te}, no culpe mi tardanza; que deseando-
do por los Aires quanto antes despacharlos, me ha sido
inescusable la dilacion, por indispuesto de la Caveza, y
algo accidentado, con tan crecido motivo como el
th.^e coronel me ha dado: quisiera estenderme mas,
el tiempo no me da lugar; por lo que me obligo â exe-

I told the Lieutenant he should distribute them to those [families] of San Francisco. The same afternoon that I left for here I gave orders to the Lieutenant to see that a bull was killed for those [families] of Monterey, from among the cattle that pertain to that [Presidio], and a steer or bull for the families of San Francisco from among the cattle that belong to that Port.[87]

(folio 31)

It is evident from my official letters that I dealt favorably with the Lieutenant Colonel pertaining to the cattle and animals, even of the location for the establishment of the said Port. In a letter I wrote to the Most Excellent Lord [Viceroy] concerning the Lieutenant[88] [I said], "What faith can he have in what the Lieutenant Colonel puts before him? Or, does envy have a place?" These sayings have the same substance as the others. The Most Excellent Lord [Viceroy] gave us both orders on distinct occasions and both of us demonstrated our firmness in satisfying His Excellency concerning the Lieutenant from here. I explained only how it appeared to me to the said Most Excellent Lord [Viceroy], to free me from that part that I could have had in his employment, because I had not proposed anything against it in Mexico. Because I had been charged with executing my orders as I had done in the Californias at the time he served as a sergeant, and having learned on two occasions that I had not fulfilled them here, I wanted to free myself from that dreaded obligation.

In point of officers of war, I am beginning to see a loss of fortune in the Royal Service through Don Juan Bautista, of which he says that everything was discharged in peace as certified in the daily log of his official letters to the Most Excellent Lord [Viceroy]. Nevertheless, I will respond if something results from it.

As it is said, he commands despotically. I do not believe that he will do less in his Presidio of Tubac, and that captains of other presidios will not conduct themselves [with him] in a like manner to what I have done, even though, by his own genius, he will excuse commanding the work that he brings with himself. I confess without exemption, that I am accustomed, at all hours, to maintaining with efficacy the knowledge that is always on my mind, that they have entrusted to me the care of these establishments, so far from recourse. If it were easy for me to say yes in all these events and be agreeable

(folio 31v)

with everything, I would consider giving everything to the world, I would do it with efficiency, and without the offer of any other reward, while this charge is upon me.

Now I am going to send these papers to Your Excellency. I humbly ask that you not fault my tardiness. I desire that they will be dispatched to you forthwith with the briskness of the horse's gait. The delay has not relieved me of being indisposed in the head or from some sudden seizures, from such a growing motive that the Lieutenant Colonel has imposed upon me. I should like to extend the time more [but] I am given no leeway because I am obligated to present

---

[87] Missing Rivera letter.

[88] From another missing Rivera letter, this controversy concerns Lieutenant José Francisco de Ortega. Although the politics of the incident are unclear at this time, more can be learned about it from Rivera Letter #5, folio 10v, first full paragraph, and Anza Letter #10, beginning paragraph.

cutarlo, vien sea desde aqui ô en Mexico: esto ulti-
mo es lo que mas deseo. En Oficio mio fho en S.ⁿ Grab.^l
de tres de Mayo, digo al mimo th.^e cor.^l que con igual rigor que el S.^{to} Tribunal usa, pido se juzgue esta
mi causa; no desisto de esto mismo, pareciendome
tan leve, que ni merece ese nombre; pero uso de
la palabra causa, porque me precisa â esplicarme
de alguna manera. Espero me atienda V.E. con
Justicia, suplicando se sirva V.E. siendo de su superi-
or agrado pasar estos papeles al Sor Auditor de la
Guerra, y que V.E. disponga de mi como en mis
cartas con repeticion tengo pedido. = entre renglones = y diligente = desgracia = de el = a la custodia = p.^a tratar = enmendado = contestacion =
vale =-

Escmô Señor

Fern.^{do} de Riv.^a y

Moncada (rúbrica)

Despues de sacado este testimonio, se hallo q^ no se
(folio 32)
avia trasuntado un oficio del Then.^e Coronel fecho
en S.ⁿ Luis 20 de Abril correspond.^{te} ala segunda
foxa del num.^o 13 y del q^ sigue.
[vease la carta número 7 de Anza)
(folio 32v)
Acompaña â este Testimonio el Pliego num.^o
1" en el q^ comienzan las diligencias del Yndio
Carlos, el qual me falto en S.ⁿ Gabriel; y el q
saco el Ten.^e de la diligencia q^ practico en
confirmacion de esta verdad, consta con dho
Pliego de ocho foxas utiles =

(rubricado por Rivera)

it, indeed, whether it be from here or in Mexico. This last is my greatest desire. In an official letter of mine, dated the third of May in San Gabriel, I informed the same Lieutenant Colonel that "I ask that my cause might be judged with the same strictness that the Holy Tribunal employs."[89] I do not go back on this same statement, the whole thing appearing to me to be so trifling. Nor does it even merit that name, but I use with word "cause" because it is necessary for me to explain myself in some form. I hope Your Excellency will attend me with justice and that Your Excellency, being of superior grace, will pass these papers on to the Lord Auditor of War, and that Your Excellency will give me your orders as I have asked with repetition in my letters.

= between margins = and carefully = disgrace = of him = to the keeper = to deal with = corrected = answer = bond = .

Most Excellent Lord

Fernando de Rivera y
Moncada (rubric)

After having copied this testimony, an uncopied official
(folio 32)
communication of the Lieutenant Colonel was found that was dated in San Gabriel on April 20th, corresponding to the second page of number 13, and which reads as follows:
[See Anza Letter #7]
(folio 32v)
Accompanying this testimony is parcel number one in which the reports of the Indian, Carlos, begin. This was the one that was missing in San Gabriel[90] and which the Lieutenant found in the report that was executed in confirmation of this truth, as evidenced by the said parcel of eight written sheets of paper.

(Rivera's rubric)

---

[89] See Rivera Letter #11, last line before the closing remarks and signature.

[90] See Rivera Letter #11, first full paragraph.

APPENDIX

SPELLING, PUNCTUATION, GRAMMAR, ABBREVIATIONS

The problem of spelling, punctuation, grammar, and the ubiquitous abbreviations contained in nearly all old Spanish colonial documents has been mentioned in both the previous volumes of Anza correspondence. From this arises a continuing debate over how to best transcribe such documents for the modern reader. Should all misspellings be corrected and all abbreviations extended, or spelled out? This would seem to be a logical solution for the modern Spanish-speaker, who generally cannot read such documents due to the afore-mentioned problems. However, any correction of spelling and extending of abbreviations is open to interpretation and, thus, mistakes. If the Spanish-speaker sees only the author's corrections and extensions, he is unaware of any mistakes that may have been made and such mistakes will continue to be perpetuated, as has often been the case with secondary writings of the Spanish colonial period.

Of course, the same argument applies to adding punctuation, or correcting the minimal punctuation that the original authors used. While adding punctuation makes the document understandable to the modern reader, it is even more open to conjecture than is spelling. An entirely different meaning is often obtained simply by moving a period or comma forward or backward a word or two. Ancient writers used very little punctuation, and when they did it was often inserted in wrong or meaningless places. So, should all that be corrected in the tran-scriptions, again leaving the modern reader unaware of any mistakes that were made in the corrections.

Lastly, and especially in the case of Anza, grammar is a real problem that often has to be corrected if the modern Spanish-speaker is to make any sense of his writings. This, of course, is due to the fact that his first language was Basque and he spoke (and, thus, wrote) broken Spanish. Fortunately, that is a moot problem with this group of documents because, with the exceptions of a couple of postscripts and his one line closing niceties, he did not write any of these letters. An *escribano*, or scribe wrote them for him and he simply signed off on them. The same is also true of Rivera's letters contained herein. He penned his own letter number nine, and Anza's letter number eight, which comes from a copy included in his report. Otherwise, everything else was written by an unknown scribe. *Escribanos* generally spelled better or, at least, more consistently in the same way. Their understanding of the written Spanish language and, thus, their grammar was also generally better. Their breaking of words, however, when they came to the edge of the paper, and their running two or three words together without lifting their pen throughout most of their writing was nearly universal.

In order to give the English-speaking reader an idea of the difficulties in reading such material, the following example is provided:

> Justto ilustreat tthis Ihav riten the Sintenses tthat falo with thesame lakof speli
> ng, and punk tuation; and capitulation; Rools tthat tthey wurcked with isitt eas
> yto underst.[d] what was just sedordo you hav trubble follow.[ng] itcan you tell wh
> ir one thot begin.[s]; and another Onends?

While the foregoing will hopefully provide a meaningful illustration to those untrained in reading old Spanish documents, the reader needs to bear in mind that it was written in modern typescript. There is no unusual handwriting to get used to, no fading ink on this side of the page or ink blotches coming through from the other side of the page. There are no torn or rotting pages to deal with or worm holes in the paper that would make it even more difficult to understand, and the problem of converting it from one language to another is not present.

Because of the foregoing problems, I am firmly of the belief that the best way to publish a book of this nature would be to print it in something like a 14 x 8½ inch format. On the far left of the left hand pages would be printed the facsimiles of the original documents. Next to them on the right side of those pages would be the exact transcription of the document. Then, on the left hand side of the facing pages, just across the binding from the transcriptions, would be the modern Spanish version, followed by the English translation on the far right. The expense of such a venture, plus the odd sized book it would create, however, would make it generally prohibitive.

So, in the meantime, this volume provides everything but the modern Spanish. In lieu of that, and to aid the reader in dealing with the facsimiles of the original documents contained herein, the following list of abbreviations is provided. It is far from a complete list of Spanish colonial abbreviations. That is something that would be impossible to create due to the individual creations of each writer. It does, however, contain the majority of those abbreviations used by the writers of these documents. The reader will see by this that there are often several ways that even the same *escribano* might abbreviate one word. Abbreviations were not standard and many of them were the unique creation of the writer at the moment he wrote the word, and at no other time thereafter.

LIST OF ABBREVIATIONS

abilitacc.^{on} – habilitación (qualification, equipment)

âbundanz.^{a} – abundancia (abundance)

afortunadam^{te} – afortunadamente (luckily, fortunately)

agradecim.^{to} – agradecimiento (appreciation, gratefulness)

Ag.^{to} – Agosto (August)

âmi – a mí (to me)

antrâs – a nuestras (to our)

Antt.^{o} – Antonio (Antonio)

aq.^{e} – a que (to which)

arguard.^{te} – aguardiente (literally "fire water," it can be whiskey, brandy, pulque, rum, or any number of alcoholic beverages)

aunq.^{e} – aunque (although)

âvm – a Vuestra Merced (to Your Honor)

Bail^{o} – Bailio (religious order of knights title)

Bap.^{ta} – Bautista (Baptist)

Bern.^{do} – Bernardo (Bernard)

Blm.^{o} – Besa la mano (kisses the hand)

B.^{o} **Fr.** – Bailio Frey (order of knights title)

B.^{ta} – Bautista (Baptist)

Buenav.^{a} – Buenaventura (good fortune)

Californ.^{a} – California

cam.^{os} – caminos (roads)

capit.^{s} – capitanes (captains)

cap.^{n} – capitán (captain)

Cap.^{no} – Capistrano

carg.^{s} – cargas (loads)

circunstanc.^{s} – circunstancias (circumstances)

colex.^{o} – colegio (college)

comand.^{te} – comandante (commandant, commander)

comis.^{on} – comisión (commission)

compan.^{a} – compañía (company)

completam.^{te} – completamente (completely)

com.^{te} – comandante (commandant, commander)

conducc.^{on} – conducción (conveyence, the act of bringing something)

conocim.^{to} – conocimiento (knowledge)

consig.^{te} – consiguiente (consequence)

contextac.^{n} – contestación (answer)

coron.^l – coronel (colonel)

coron.^{l} – coronel (colonel)

correspond.^{te} – correspondiente (corresponding)

cumplim.^{to} – cumplimiento (complement)

D. – Don (Don – a title)

defh.^{a} – de fecha (date)

deln.^{o} – del número (of the mumber)

deq.^{e} – de que (of which)

delq.^{e} – del que (of which)

dha(o) – dicha(o) (said, singular)

dha(o)s – dicha(o)s (said, plural)

Dic.^{bre} – Diciembre (December)

direcc.^{on} – dirección (direction)

distinc.^{s} – distintas (distinct characteristics)

Diz.^{re} – Diciembre (December)

D.^{n} – Don (Don – a title)

D.^{s} –Dios (God)

En.^{o} – Enero (January)

enq.^{e} – en que (in which)

Es.^{mo} – Excelentísimo (Most Excellent)

establessim.^{to} – establesimiento (establishment)

Ex.ª – Excelencia (Excellency)

Exmo – Excelentísimo (Most Excellent)

expedicc.^{on} – expedición (expedition)

exped.^{n} – expedición (expedition)

exp.^{n} – expedición (expedition)

felec.^{te} – felicite (facilitate)

felism.^{te} – felizmente (happily, successfully)

Fern.^{do} – Fernando

fh.^{a} – fecha (date)

fh.^{o} – fechado (dated)

Fran.^{co} – Francisco (Francisco)

g.^{e} – guarde (guard, keep)

Gov.^{or} – Gobernador (Governor)

Grab.^{l} – Gabriel (misspelling of *Gabr.*^{l})

gral – general (general)

gûe – guarde (guard, keep)

h.^{a} – hasta (until)

h.^{ta} – hasta (until)

hav.^{do} – haviendo (having)

havilitacc.^{on} – habilitación (qualification, equipment)

haz.^{r} – hacer (to do or make)

hem.^{s} – hemos (we have)

Hen.^{o} – Enero (January)

herram .^{ta} – herramienta (set of tools)

imp.^{te} – importante (important)

igualm.^{te} – igualmente (equally)

interez.^{s} – intereses (interests)

J.^{n} – Juan (John)

Jph – José (Joseph)

Ju^{o} – Juan (John)

leg.^{a} – legua (league)

leg.^{s} – leguas (leagues)

M^{a} – María (Mary)

Mag – Majestad (Majesty)

Mag.^{d} – Majestad (Majesty

Mag.^{s} – Majestades (Majesties)

Mar^{a} – María (Mary)

Mex.^{co} – México (Mexico)

miss.^{s} – misiones (missions)

miss.^{es} – misiones (missions)

monum.^{to} – monumento (monument)

m.^{s} – mas (most)

m.^{s} **a.**^{s} – muchos años (many years)

mtrôs – ministros (ministres)

Mui Sr **Mio**: Muy Señor Mio (My Dear Sir)

nacc.^{on} – nación (nation, tribe)

ning.^{os} – ningunos (none, plural)

notiz.^{a} – noticia (news, notice)

nrâ – nuestra (our, singular)

nrô – nuestro (our, singular)

N.S. – Nuestro Señor (Our Lord)

ntrâs – nuestras (our, plural)

ntrô – nuestro (our, singular)

obligac.^{n} – obligación (obligation)

Obpô – Obispo (Bishop)

observacc.^{on} – observación (observation)

ôcac.^{es} – ocasiones (occasions)

ofiz.^{l} – official (officer)

ofiz.^{s} – oficiales (officers)

ôrdn – órden (order)

ôrds – órdenes (orders)

ôrn – órden (order)

ôrns – órdenes (orders)

P. – Padre (Father)

p.^{a} – para (for)

p.^{a} **q.**^{e} – paraque (for which)

P.D. – posdata (postscript)

p.^{or} – por (for)

P.P. Mtrôs – Padres Ministros (Father Ministers)

P. Presid.^{te} – Padre Presidente (Father President)

P.P.^s – Padres (Fathers)

p.^r – por (for)

Pred.^{or} – Predicador (Preacher)

pres.^o – presidio (presidio)

press.^o – presidio (presidio)

press.^{te} – presente (present)

prim.^o – primero (first)

propag.^{da} – propaganda (propaganda)

prov.^{as} – provincias (provinces)

providenz.^s – providencias (providence, foresight)

provinz.^a – provincia (province)

prox.^{mo} – próximo (next)

P.^{to} **de S.**ⁿ **Fran.**^{co} – Puerto de San Francisco (Port of San Francisco)

puram.^{te} – puramente (purely)

qˆ – que (that, what)

q.^e – que (that, what)

q.^{do} – cuando (when)

q.ⁿ – quien (who)

q.^{to} – cuanto (how much)

Re.^l – Real (Royal, singular)

rendidam.^{te} – rendidamente (humbly)

repartim.^{to} – repartimiento (distribution)

resp.^{do} – respondo (I respond)

Riv.^a – Rivera

R.^l – Real (Royal, singular)

R.P. – Reverendo Padre (Reverend Father)

R.P.F. – Reverendo Padre Fraile (Reverend Father Friar)

R.R.P.P. – Reverendos Padres (Reverend Fathers)

R.^s – Reales (Royal, plural)

satisfacc.^{on} – satisfacción (satisfaction)

seg.^o – seguro (secure, certain)

segd.^o – Segundo (second)

setec.^{tos} – setecientos (seven hundred)

sinq.^e – sin que (without which)

S.ⁿ – San (Holy, Saint, masculine)

s.^{or} – servidor (servant)

S.^{or} – Señor (Lord, Sir)

S.^r – Señor (Lord, Sir)

sarg.^{to} – sargento (sergeant)

seg.^o – seguro (certain, secure)

serv.^{or} – servidor (servant)

sett.^s – setecientos (seven hundred)

sett.^{ta} – setenta (seventy)

sold.^s – soldados (soldiers)

sprê – siempre (always)

S.R. – Su Reverencia (His Reverence)

S.R.^a – Su Reverencia (His Reverence)

Sta – Santa (Holy, Saint, feminine)

S.^{to} – Santo (Holy, Saint, masculine)

sup.^{co} – suplico (I ask)

supp.^o – suplico (I ask)

ten.^e – teniente (lieutenant)

Terren.^{te} – Terrenate (Terrenate, a presidio in northern Sonora)

th.^e – teniente (lieutenant)

th.^{te} – teniente (lieutenant)

then.^e – teniente (lieutenant)

then.^{te} – teniente (lieutenant)

tpô – tiempo (time)

ultim.^s – últimos (the last ones)

unicam^{te} – unicamente (solely, only)

Vail^o – Bailio (religious order of knights title)

VE – Vuestra Excelencia (Your Excellency)

V.E. – Vuestra Excelencia (Your Excellency)

V Ex.ª – Vuestra Excelencia (Your Excellency)

V. Exc.^a – Vuestra Excelencia (Your Excellency)

VExĉa – Vuestra Excelencia (Your Excellency)

vei.^{te} – veinte (twenty)

veneracc.^{on} – veneración (veneration)

vienq.^e – bien que (it is well)

viver.^s – viveres (supplies)

VM – Vuestra Merced (Your Honor, Your Grace, Your Mercy)

Vmd – Vuestra Merced (Your Honor, Your Grace, Your Mercy)

Ygn.^o – Ignacio

ymmediac.^s – inmediaciones (the immediate vicinity)

ynsp.^{or} – inspector (inspector)

ynspecc.^{on} – inspección (inspection)

9.re – Noviembre (November)

Along the same line, the following list of word misspellings is provided to give an idea of the problems encountered with spelling. It is by no means a complete list of ways in which writers of the Spanish colonial period misspelled words. Since most of the lines of the text included in the original documents herein contain misspellings, that would require another section of this book at least half again its size. This list, however, will give an idea of the kinds of things to look for when trying to determine what a word might be. The reader should bear in mind that the ancient Spanish writer spelled mainly by phonetics. Therefore, if one reads the word aloud, it can usually be determined what it is supposed to be. Again, the reader will notice that individual writers often spelled words in more than one way, sometimes none of which were right by today´s spelling standards.

MISSPELLINGS

ablamos – hablamos (we spoke)
ablar – hablar (to speak)
advitrio – albedrío (freedom)
ai – hay (there is, there are)
anbre – hambre (hunger)
âonde – adonde (where)
âora – ahora (now)
balgo – valgo (I value)
bolvio – volvió (he returned)
combidar – convidar (to invite)
devido – debido (due)
dige – dije (I said)
dixé – dije (I said)
escritto – escrito (written)
excencial – esencial (essential, necessary)
gefe – jefe (chief)
halgo – algo (some, something)
ia – ya (already)
io – yo (I)
Josse – José

micion –misión (mission)
Monrey – Monterey
oi – hoy (today)
oy – hoy (today)
preheferible – preferible (preferible)
prompto – pronto (prompt)
puertto – puerto (port)
razion – ración (ration)
thomar – tomar (to take)
trahia – traía (he was bringing)
transeuntes – transientes (transients)
uvicación – ubicación (location)
ybierno – invierno (winter)
yerva – hierba (herb)
yglecia – iglesia (church)
ymmediatamente – inmediatamente
    (immediately)
ymportante – importante (important)
zitua – citua (is situated)

TRADITION, CULTURE, ROMANCE, PRACTICALITY

No writing of this nature reaches the hands of the reader without serious – and sometimes painful – discussions between the editors and the author about the "true" meaning of certain words. In the last two volumes of Anza correspondence, *Antepasados VIII* and *IX*, problems faced by translators of ancient Spanish documents have been addressed. The need to reproduce facsimiles of those documents in any work that interprets such documents for the English-speaking public has also been discussed. In keeping with the Los Californianos' tradition of including the facsimiles to help present-day readers better understand the translated material, and future historians and researchers correct and expound on what the original authors said, the original documents relative to this work are included herein. However, it may be beneficial to the reader to include a discussion of another set of problems that plague the author/translator of any such work, and therefore affect the reader's understanding. That is the problem of trying to balance past and present traditions, past and present cultural differences, and romantic myths with what is practical and logical. If translations could be made by some mathematical formula, there would be no need to be concerned with any of the foregoing. However, it is because of those very things that translating cannot be done by simply converting one word to another. The following examples are provided from discussions that arose about the letters in this book:

1. Traditionally, in the Spanish colonial world, no matter how badly one person may have loathed or detested another, they always ended their written correspondence with something like "kissing" the other person's hand or feet – *besa la mano* (*Blm*) or *besa los pies* (*Blp*). These types of closing statements are so universal that even in this group of letters, after Anza had become so exasperated with Rivera, he still formally "kissed his hand" on paper, when it is obvious that he more than likely would have bitten it if Rivera had extended it! Because that ancient tradition is so universal and yet is so seldom spelled out, one immediately knows what is being said when the letters *Blm*, or some derivative thereof, appears in the closing statement of a letter. People who are not familiar with that historic custom, however, can come up with some interesting speculations as to what it might mean. Regardless of speculation, however, *Blm* universally means someone "kisses the hand" of someone else.

2. On the other hand, modern tradition has dictated that *aguardiente* is brandy. Because Bolton and other well-known and beloved scholars have translated it that way, it becomes a must that it be translated that way unless the translator is willing to take a lot of flack from the traditionalists. Unfortunately, *aguardiente* – *agua ardiente* – literally means "burning water" or "fire water," and can be, and is, used in reference to about all alcoholic drinks. The 1726 edition of the *Diccionario de la Lengua Castellana* says, *Aguaardiente: es la que por artificio se saca del vino de sus heces, del trigo, y de otras cosas. Llamase así este licor, porque es claro como el agua, y porque arde echado en el fuego* ... "Aguaardiente: is that which is distilled from wine and its dregs, from wheat, and other things. This liquor is so called because it is clear like water and because it burns like fire."[1] In Mexico it was usually made from the Maguey plant, but certainly not always. In this particular instance it could possibly have been something like brandy, but it could also have been any number of other things.

Therefore, the question arises, should we hold with modern tradition and call it brandy on the chance that that is what it might have been in the particular document being translated? Or, should it be called what it literally is, "fire water," and let the reader determine in his or her own mind what that might be? Or, should the safe and politically correct, but totally unimaginative, route be taken and it be labeled "an unknown alcoholic beverage of some type?" This is one of those cases where it is impossible to find an English word that will describe something satisfactorily to everyone. So, in this instance the author and the Publications Committee agreed to just use the word "aguardiente," which actually has become a nebulous English word.

3. Cultural experiences are often so different as to cause completely different understandings of words. If the word is something so commonplace in the period documents that there is little

---

[1] Real Academia Española , *Diccionario de la Lengua Castellana, en que se explica el verdadero sentido de las voces, su naturaleza y calidad, con las frases o modos de habla, los porverbios o refranes, y otras cosas convenientes al uso de la lengua*, Tomo Primero, (Madrid: La Imprenta de Francisco del Hierrro, 1726), p. 124.

mention of it, the translator will often find it necessary to set dictionaries aside and study the language of the culture that descended from the people in history in order to determine a satisfactory translation for the word. The case in point that came up several times during the course of editing this book was the word *novillo*. According to the *New Revised Velásquez Spanish and English Dictionary*, the word means "a young bull or ox, particularly one not trained to the yoke."[2] While that definition stands in certain instances, like in the world of fighting bulls or show breeding stock, it falls completely apart in the everyday world of farm and ranch people in Mexico and Spain. In the Mexican ranching culture, especially, a culture that has changed very little from the days of the Anza Expeditions, the word does not mean "bull" of any kind or age, but rather means "steer." In this instance, we are fortunate to have Francisco Santamaría's *Diccionario de Méjicanismos*, which says that *novillo: vulgarmente se llama así, en la vida campesina y vaquera, al toro castrado, para el engorde* ... "novillo: in rural and ranching life, a bull, castrated for fattening, is commonly called thus."[3]

In this instance, one can keep the dictionaries, but which one should be used? Here is where little bits and pieces of supporting information, cultural practices, and practicality have to enter into the definition. One gets the first hint that a *novillo* in this instance is a steer, not a bull, when Rivera questions whether it was going to be possible to give each family *un novillo o toro* ... "steer or bull."[4] He certainly would not have been asking if each family was going to be given a "bull or bull!" Anza made it clear that the plan was to give each family a heifer – *hembra* – that could be used for breeding, and a steer – *novillo* – that could be used as a beast of burden, and that they would all be able to use the community bulls – *toros* – that were being maintained in a separate herd for breeding purposes.

The Spanish and Mexican cultures, and for that matter all historic agrarian communities, have practiced, and their descendants continue to practice to this day, controlled livestock breeding by means of sterilization of excess males of the species. Young boar hogs, buck sheep, bull calves, male horses, donkeys, and mules, and young billy goats have been castrated since time immemorial. The practical reasons for this are obvious:

1. Castration of young males is a simple and swift procedure.
2. One male, a bull for example, can breed twenty to thirty cows in a season, but each cow can only produce one calf per year. While the stock raiser needs all thirty cows, twenty-nine of the thirty bulls are not needed for breeding.
3. When bulls reach maturity they are extremely large and heavy. Like all male livestock, they become far more difficult to manage than the heifers in the herd. They will continually fight with each other, especially when the heifers start to come into heat. Bulls fighting with each other tend to destroy corral fences, barn doors, and about anything that gets in their way, including a man on horseback. If castrated before puberty, that instinct to fight is lost and steers tend to be even easier to manage than heifers, or cows, as they are called after bearing their first calf. So, just as a hypothetical explanation, if the law of averages holds true, and it usually does to within a percent or two, in a crop of sixty newborn calves, thirty would be bulls and thirty would be heifers.

---

[2] Mariano Velásquez de la Cadena, *New Revised Velásquez Spanish and English Dictionary*, (Clinton, N.J.: New Win Publishing, Inc., 1985), p. 478.

[3] Francisco J. Santamaría, *Diccionario de Mejicanismos*, Quinta Edición, (Méjico: Editorial Porrua, S.A., 1992), p.763.

[4] Rivera No. 9, pp.82-83, f.11v.

Twenty-nine of the bull calves would be castrated and, two or three years down the road, the husbandman would have one bull that could breed all thirty of the heifers in a relatively simple and risk-free management program. There would also be twenty-nine easily managed steers of which a half dozen or so might be used for plowing, dragging logs, and hauling heavily laden ox carts. The others could be slaughtered for their meat, tallow, and hides. A family would only eat one or two a year, which means that there would be twenty or more that could be sold to the cavalry, miners, or people in the city who could not raise their own livestock.

These ageless practicalities must be applied to the Anza Expedition if we are to understand how they managed to arrive at San Francisco from faraway Sonora, and how the distribution of livestock was accomplished when they reached California. Imagine, for example, if the 300 head of cattle that the Expedition took to California were actually 100 head of grown cows, 100 head of calves, and 100 head of grown bulls. The Expedition would have never made it to Tucson, let alone San Francisco. They would have had 100 mother cows fiercely protecting their calves, which can be every bit as dangerous as mad bulls, and on top of that, they would have had 100 bulls fighting over every cow that came into heat. And, there would have been one or two cows in heat about every day of the trip. It is hard enough to manage two or three bulls in a herd that is being driven somewhere when one of the cows is cycling. A hundred head of bulls would cause complete, unmanageable chaos!

So, the make-up of that 300-cow herd was probably something like eight or ten bulls, 150 to 200 head of cows in various stages of pregnancy or raising of calves. The rest were likely younger animals ranging in age from newborns to two- or three-year-olds. Of this latter group, there where likely a few young bulls, maybe a half dozen, that were being raised up as breeding stock to replace the older group as they got too old to perform their function. The rest would have been nearly equally divided between heifers and steers.

Once the colonizers reached California each couple was to be given a plot of land to farm, on which they would raise their families. If Anza got his way, according to these letters, each couple was to be given a heifer, which they would have used to breed to the presidio/mission bulls, thereby increasing their herd or producing meat for their family. And, they would have been given a steer which they would use for farming, clearing land, and bringing in logs for construction and firewood for heating and cooking. As far as the offspring they got from their one heifer, if it was a bull calf, it would have been castrated, fattened, and slaughtered. The meat would likely have been shared with one or two other families. If they received a heifer calf from the union of their first heifer and one of the community bulls, they would raise it to maturity and soon have two cows for breeding. Their first years at San Francisco must have been pretty lean. Rivera said they were going to have to get used to eating less meat. On the other hand, there may have been other presidio/mission cattle besides the breeding bulls, which were slaughtered to supplement the meat ration for the soldiers' families until they could build up their own herds.

While the foregoing is a rather lengthy explanation of simple breeding practices that have been followed by untold generations of Spaniards and Mexicans since before the dawn of recorded history, it gives a graphic illustration of the lengths to which a translator must go to decide whether the *novillo* of these letters, in a Mexican ranching culture in the latter part of the eighteenth century, was a bull or its castrated counterpart, known as a "steer" in English. From the foregoing, it should be obvious why in this instance the word means "steer."

4. Difficulties not only arise in interpreting the differences in understandings between rural and urban cultures, but with the passing of time, immense differences sometimes develop between cultures of two different eras. For example, the modern horse culture of the twentieth century, which has developed around horses becoming pets rather than work animals, has inspired some very different notions that would have been totally foreign to the horse culture of the eighteenth century. I am often asked if I know what the name of Anza's horse was. The only response to such as question is, "Which one? He rode a different one every day." People of that day, like the few remaining livestock people who raise horses by the hundreds today, described them by color, size, sex, and markings. More than likely, if Anza or Rivera had been asked what the name of the horse was that they were riding yesterday, they would have responded with something like "the big, black, bald-faced gelding."

This brings up the final point to be made here. Modern myth, developed around today's understanding and love of horses, has dictated two erroneous requirements for Spanish/Mexican *caballeros* of the eighteenth century: 1. Soldiers and ranchers always rode horses, and 2. Men always rode stallions. These myths have, of course, been promoted by various modern-day writers and certainly by sculptors. I have yet to see a statue of a Spanish explorer or soldier who is riding something other than a stallion.

These letters completely, and for the first time conclusively disprove the myth of the Spanish only riding horses. While Pedro Font's diary has always clearly stated that Rivera was riding a mule on the day he met Anza going south from Monterey, it is spelled out very clearly in this correspondence. Rivera repeatedly speaks of the mule he was riding. Does this make Rivera less of a man than Anza? Hardly! The joint report that he and Anza compiled at the end of Anza's stay in California clearly enumerates the number of mules that the soldiers had been riding. And, we learn from the controversy at San Diego, that Anza wanted to mount the soldiers on mules and go after the rebellious Indians.

It was not the Spanish/Mexican society that had qualms about riding mules, it is the modern horse culture that relegates the mule to something unworthy of status alongside a horse. The society of the eighteenth century knew the value of the mule – an animal that could pack more weight, could pull more weight, was smoother riding than a horse, and generally was more surefooted. As a hybrid, the mule is smarter and, thus more independent, making him more dangerous than a horse for the unwary. With his long burro ears the mule is not as pretty as a horse or as flashy, neither of which mattered when one was chasing Apaches or traveling hard over rough, rocky country for day after day. And, of course, as a hybrid, the mule cannot reproduce, which leads into the second myth.

While it is true that the mule cannot reproduce, no one has ever bothered to tell him that. So, the same problems arise with stallions and jack mules, called *machos* in Spanish, as was discussed with bulls in the previous discussion. The jack mule thinks he is capable of breeding and has the same desires to do so as the stallion. Practicality dictates that one cannot have a jack mule around the stallion that is supposed to be breeding the brood mares, because the jack might just overpower the stallion and run him off. Then, though the jack and the mare would go through the motions of breeding, no offspring would result. And, of course, the same thing goes for more than one stallion. Fighting and often permanent injuries occur when more than one stallion is vying for the attention of the cycling mare.

We know that the Anza expedition had, above and beyond the brood mares and colts that they took with them, some 340 head of saddle mounts and about 165 pack mules. We have no idea how many of the 340 were mules. Traditionally, we have called them horses, but regardless of whether they were horses or mules, the problem of sex was the same. So, to simplify the discussion, lets just call them 340 horses. If the men only rode stallions, as some have claimed, and they had to change horses every day to keep all the stock rested and in good shape, it would mean that at least half of those animals were stallions. What was everybody else riding? If the Spanish/Mexicans did not geld their horses, as some have claimed, that would mean that the other half had to be either stallions or mares. Practicality says that small children and petite women would not have been riding difficult to handle stallions. Yet, in all practicality they could not have ridden mares – not with a couple of hundred stallions running loose in the *caballada* and being ridden by all the men on the expedition! There would have been numerous deaths on that first day out of Tubac in addition to Manuela Piñuelas, who died that afternoon in childbirth. Then, if castration was not practiced, add all the males among the pack mules to the fray and it would not have been an expedition, it would have been a circus, and a deadly one at that.

The Spanish have gelded their horses for centuries and the Mexican stock raisers followed suit. While we will probably never know the exact count, an educated and practical estimate of numbers would say that there were a few stallions that went on the Expedition, closely guarded and controlled by those in charge of them. They would be used in California to breed the mares and jennies that were part of the expedition. Of the 340 saddle animals, probably half or more were mules. If that is true, when one takes into account the pack animals, clearly identified as mules, there were far more mules on the expedition than there were horses. As far as the sex of both the saddle and pack animals, they would have been divided between mares and geldings, and the colonizers all rode some of each and changed mounts every day along the way.

So, what were the chances of seeing someone riding a stallion on the Anza Expedition? Probably pretty good. The men in charge of taking care of the few stallions that went to Alta California undoubtedly rode them part of the time.

The exact details of what took place in history will always be illusive – especially when translating between two languages. It is always changing, and must always be revised, as we find new bits and pieces of information. This correspondence between Anza and Rivera adds incalculable amounts of new and richer understanding of what took place those many years ago.

GLOSSARY

People

Amarillas, José Ignacio – a mule packer on the Anza Expedition who was carrying chocolate and alcohol. He conceived of and helped plan the desertion from San Gabriel, and tried to bribe Corporal Carrillo with the some of the contents of his load. He lost his courage at the last minute and did not participate in the desertion. A soldier of the same name was killed by Indians on the Colorado in 1781. Could he have been this same mule packer, repentant and reformed?

Anza, Juan Bautista de – a lieutenant colonel in His Majesty's Cavalry and captain at the Presidio of Tubac. Upon his return to Mexico City from Alta California he was made *Comandante* of all the troops of Sonora and took up residence at his command post, the capital of Sonora, San Miguel de Horcasitas. While in that position he learned that he had been appointed Governor of New Mexico.

Bravo, Marcelino – a married soldier and corporal of the guard in the Garrison of Carmelo. A native of San Luis Potosí, he and his wife, María del Carmen Chamorro of Guadalajara, daughter of the mission carpenter at Carmelo, were the first couple to be married there by Father Serra on August 30, 1774.

Bucareli y Ursúa, Antonio María – His Excellency, the Viceroy of New Spain at the time of the Anza Expeditions.

Carlos – Native Governor and leader of the rebellion at San Diego.

Carlos III – King of Spain 1759-1788. Regarded as the greatest Borbón (Bourbon) king and is known as the "enlightened despot." He was king when the colonizing of Alta California began. Eleven of the twenty-one missions of Alta California and all four presidios were founded during his reign.

Carrillo – a corporal with the Anza Expedition, he evidently blew the whistle on the deserters at San Gabriel at midnight when Amarillas tried to bribe him with chocolate and alacohol. He went with Moraga the next morning to track down and bring the deserters back.

Duarte – a soldier at the San Diego Presidio whose wife and children came with the Anza Expedition to be reunited with him there.

Font, Pedro – a native of Catalonia, Spain, and Franciscan missionary at San José de los Pimas near present-day Hermosillo, Sonora, he was assigned to be the chaplain of the Colonizing Expedition. Expanding on his notes, he wrote a very personal diary after the Anza Expedition.

Galindo, Nicolás – went with the Anza Expedition as a settler, but was not enlisted as a soldier until he arrived in Alta California. He was referred to erroneously as [Carlos] "Gallegos" in Anza's twelfth letter. He was a *mestizo* from the Real de Santa Eulalia, Chihuahua. He and his wife María Teresa Pinto had one child at this time.

Garcés, Francisco – native of Aragón, Spain, and priest of Mission San Xavier del Bac near present-day Tucson, Arizona, he was assigned to go with Anza on the Exploration Expedition of 1774, and as far as the Colorado River to start missionary activities among the Indians there during the Colonizing Expedition of 1775-76.

Góngora, Juan María – a sergeant at the San Diego Presidio, ultimately under the command of Fernando de Rivera y Moncada, *Comandante* of all California troops. He was a cousin of Juan José Robles, below. He was married first to Rosalía Maximiliana Verdugo, and then to Felipa Ignacia Noriega. One child resulted from each marriage.

Grijalva, Juan Pablo – born in the San Luis Valley of Sonora and baptized at Mission Guevavi on February 2, 1744, he was the sergeant of the Anza Colonizing Expedition. Though eight years Anza's junior, the two spent many of their early years together in the San Luis Valley.

López – a mule packer with the Anza Expedition who went in charge of the pack string with Lieutenant Moraga in pursuit of the deserters from San Gabriel.

Mariano, Don – called the *proveedor*, or "purveyor," he was evidently the supply officer for the Anza Expedition.

Mariñas, José Ignacio – one of the best mule packers on the Anza Expedition, he safely transported sixteen and a half loads of packing cloth from Sonora or Sinaloa , or possibly Mexico City, to San Diego.

Moraga, José Joaquín – born in Sonora, he was the lieutenant on the Expedition. He had to leave his wife and young son behind in Sonora due to his wife's ill health at the time, although they joined him several years later in 1781. Ultimately fell under the command of Rivera.

Ortega, José Francisco de – a lieutenant in the presidial cavalry of both Baja and Alta California, he was from Celaya, Guanajuato and had been in His Magesty's Royal Service for twenty years at the time of the Anza Expedition. He was married to María Antonia Victoria Carrillo of Loreto, Baja California. During his career, he served as *comandante* of the presidios of San Diego, Santa Barbara, and Monterey.

Pascual – an Alta California soldier, he may have been Pascual Bailón Rivera.

Paterna, Antonio – one of the Franciscan missionaries assigned to Alta California.

Peña, Gerardo – one of Rivera's soldiers stationed in the Garrison of San Gabriel Mission.

Rafael – a Christian or mission Indian of San Diego.

Rivera, Pasqual Bailón – one of the presidial soldiers in Alta California at the time of the Anza Expedition.

Rivera y Moncada, Fernando de – as *comandante* of all the troops in California, even though outranked by Lieutenant Colonel Anza, he technically was Anza's commanding officer while the latter was in California. The animosity that developed between the two men frustrated the execution of the orders issued by Bucareli to be carried out jointly by the two men. Rivera's sickness, and his excommunication from the church on February 3, 1776 for removing Carlos, the leader of the rebellion at San Diego, from the church/storehouse where he had gone for sanctuary, further frustrated and agitated the situation.

Robles, Juan José – soldier and corporal of the guard at the Presidio of Monterey, he was a cousin of Juan María Góngora, mentioned above. Both Robles and Góngora were members of the 1769 Portolá Expedition. Robles died in 1781 on the Colorado River, while assisting Rivera in bringing colonists to California.

Sal, Hermenegildo – soldier and corporal of the guard at Monterey. He was the *Guarda Almacen* at San Francisco at least from 1778 to1782, and probably as early as December 31, 1776 (see facsimile payroll in *Antepasados II*). On the 1790 census of Monterey he was recorded as Don Hermenegildo Sal, *Alférez*, Español, from Valdermoro, Spain. He married Josefa Amezquita, a *mestiza* of the Anza Expedition from Terrenate, Sonora. They were the parents of three children.

Serra, Junípero – Father President of the Alta California missions, he was a Franciscan priest from Mallorca. He was instrumental in getting Fages removed from California as *comandante* of the troops there. However, when Rivera arrived on the scene to take Fages' place, Serra found that he had jumped from the frying pan into the fire. He and the other California priests quarreled with *Comandante* Rivera but seemed to have gotten on well with Anza for the short time that he was in California.

Soler, Juan – *Guarda Almacen*, or keeper of the storehouse, at the Presidio of Monterey, probably as early as 1774. His death date has been recorded as February 19, 1781 and it is reported that he was buried beneath the floor of the Monterey church.

Sotelo, José Antonio – one of the soldiers recruited from Sinaloa by Anza to go to Alta California.

Soto, Alejandro de – one of the presidial soldiers already in Alta California at the time of the Anza Expedtion, he was stationed at San Diego.

Varela, Casimiro – one of the men who went to California with Anza as a settler, not a soldier.

Vásquez, Juan Atanacio – one of the first three soldiers recruited to go to Alta California with Anza from Culiacán, Sinaloa. Evidently he and several other soldiers/settlers signed some kind of petition in conjunction with Rivera, and Vásquez presented it to Anza as he was leaving Monterey for Mexico. Anza claimed he would have punished Vásquez and the others for it, had he not been leaving California.

Vega – one of the mule packers of the Anza Expedition, he had previously been a soldier.

Yepis – a soldier, probably the principal planner of the desertion at San Gabriel, he was guarding the *caballada*, or horse herd, on the night the desertion took place. He was probably José Mariano Yépiz, a soldier stationed at the Presidio of San Diego prior to Anza's arrival in Alta California.

Places

Álamos – Royal Mining Camp in southern Sonora where the expedition picked up silver to pay the soldiers on the expedition. Some of the colonizers also came from Álamos.

Californias – has reference to both Baja and Alta California.

Carmelo – mission established in Alta California near present-day Carmel, California. San Carlos Borromeo del Río Carmelo was the first in the California chain of missions. It was founded June 3, 1770, but was moved from Monterey to Carmel in 1771.

Colorado River – named by the Spanish for its red color, it separated the Sonora and California regions in the eighteenth century.

Dolores Spring – a spring at the site where Mission Dolores was founded.

El Toro – literally "The Bull" in Spanish, it was the name of a place south of Monterey that Rivera referred to in his fourth letter.

Horcacitas – San Miguel de Horcasitas was a presidio and the capital of Sonora in the mid-eighteenth century until the beginning years of the 1800's.

Loreto – a present-day, as well as historic, town in Baja California. Mission Nuestra Señora de Loreto Conchó was founded in 1697.

Mexico – always has reference to Mexico City in the eighteenth century. At that time the nation of present-day Mexico was called New Spain and its capital city was called Mexico.

Monterey – founded in 1770, it and San Diego were two presidios established in Alta California by the Portolá Expedition.

Portazuelo – literally "a place between two hills" in Spanish, this is where Rivera composed his fourth letter, probably 50-80 miles north of present-day Los Angeles.

Rosario – a modern town in west central Sinaloa, Mexico, the Royal Mining Camp of El Rosario was established there in the sixteenth century.

San Andrés Canyon – south of present-day San Francisco at San Bruno, California.

San Buenaventura – a proposed mission mentioned by Rivera in his sixth letter that, in his mind at least, was one of three to be established at the port of San Francisco. It does not have reference to the ninth California mission, which was called San Buenaventura and was actually established in Southern California at the present-day town of Ventura on March 31,1782.

San Carlos Pass – the pass leading over the mountains into California, located at the headwaters of Coyote Canyon near the present-day town of Anza, California.

San Diego – the first presidio and first mission in Alta California, San Diego de Alcalá was established by the Portolá Expedition in 1769.

San Francisco – originally the name of the river entering the San Francisco Bay, it soon became the name for the bay, the presidio, the proposed two missions, and eventually the present-day city. Mission San Francisco de Asis (Mission Dolores) was founded on June 26, 1776.

San Gabriel – located in the present-day City of San Gabriel, nine miles east of Los Angeles, San Gabriel Arcángel was the fourth mission established in Alta California.

San José – a valley spoken of in the correspondence between Anza and Rivera, it is not where the present-day City of San José is located. Modern-day San José is the oldest city in California, established on November 29, 1777, but it is located in the Santa Clara Valley.

San Juan Capistrano – re-established on November 1, 1776, it is the seventh mission in the chain. It was barely under construction at the time of the San Diego uprising. Abandoned at that time, construction was resumed later. It is located in the present-day town of San Juan Capistrano.

San Luis – established on September 1, 1772, San Luis Obispo de Tolosa was the fifth mission established in Alta California and is located in the present city of San Luis Obispo about midway between Los Angeles and Monterey, California.

San Pedro Regalado – a site chosen by Anza in the San Andrés Valley for the construction of a second mission which was planned but never materialized.

Santa Ana River – a Southern California river that empties into the ocean at Newport Beach, south of Los Angeles, California.

Santa Clara – another of three proposed missions that Rivera mentioned in his sixth letter that were supposedly to be built at the port of San Francisco. It probably does not refer to the present-day town of Santa Clara or Mission Santa Clara de Asís, the eighth mission in the chain, founded January 12, 1777.

Sierra Nevada – literally "snow covered mountain range" in Spanish, it was referred to as that by Spaniards on the Portolá and Anza Expeditions, who saw it from a distance in the San Francisco Bay Area.

Soledad – literally "lonely place" in Spanish, it was the name of a valley about 130 miles south of San Francisco where the present-day town of Soledad is located. In what is today known as the Salinas Valley, Mission Nuestra Señora de Soledad, the twelfth in the chain, was founded on October 9, 1791, three miles south of the present-day city of Soledad.

Sonora – a province in New Spain, and a state in present-day Mexico located south of Arizona.

Tubac – present-day town in southern Arizona, San Ignacio de Tubac was a presidio established in Sonora at a Pima Indian Village in 1752 and is where Anza was Captain from 1760 to 1776.

Tulares – has reference to the swampland east and southeast of the San Francisco Bay Area.

White Cliff – located at the mouth of the San Francisco Bay, there is only a small portion of it left today near the south base of the Golden Gate Bridge near Fort Point.

FACSIMILES
OF THE
ORIGINAL DOCUMENTS

Throughout these facsimiles the Anza Letters are designated by the letter "A" followed by the folio number "f." The Rivera letters are designated by the letter "R" followed by the folio number. The joint report is designated by "AR" followed by the folio number.

C-A 368: 16A

Fernando de Rivera y Moncada's report to Viceroy Antonio María Bucareli y Ursua; written in Rivera's hand and signed by him; purchased from the Dawson's Bookshop in 1976; included herein as "Rivera No. 9."

Mayo 1.º de 76   N.2

Exmo Señor

El dia 3 del corriente sali de S.n Diego para Monter=
rey, y desde q.e llegue al primero no experim.te
hiciessen averia en la gente, ô cavallada.
si tuve noticia q.e los Gentiles, mataron â Ra=
phael Indio. christiano de los principales cul=
pados. Las salidas q.e se avian echo, se â pro=
curado en ellas la mexor ordn. se han apre=
sado ya unos, ya otros., a los de mas con=
sideracion se aseguraron, y â otros se les
dieron sus azotes, y se dieron libres; de xe
diez Indios presos, y un soldado q.e deserto, con
cinco mosos de la expedicion del Then.e Coronel
D.n Juan Bap.ta de Ansa, en ausiencia mia
los siguio el Then.e D.r Jph. Joachin Mora=
ga, y les dio alcance antes del Rio colorado, y
volvio.

De d.hos Indios es uno Carlos q.e hacia
de Gov.or en la Miss.n del q.e se hace mencion
en las dilig.s ôsse se refugio, y despues de aver=
lo pedido y negadoseme, remitianome al Ven.e
S.or Obpô. por la naturaleza del Reo, no tener
tropa p.a guardarlo el espacio de t.po nece=
sario para q.e vaya, y vuelva la resulta; me
determine â sacarlo, me intimaron esco=
munion, como consta de la resp.ta cuia di=
ligencia remito a V.Exca Yo no he creydo q.e
estoi escomulgado, por el grave peligro
en q.e si se escapava el Reo, ocasionara nue=

158

vas inquietudes, averias, y la dificultad q.e de
ordinario se experim.ta mas, y menos en ocasiones. para apresarlos.

Rendidam.te suplico a V.E: no se demo-
ren las diligencias en volver con lo q.to puedo,
por q.e p.a no exponerme a nuevo escandalo, es consig.te q.e no oiga Missa, ni cumpla
con el precepto de la Yglesia, mucha pencion es hallarse el recurso tan remoto.

Despues de aver dado quenta a V.Exã
en fha 30 de Enero q.e se deteria aqui, y s.r
Diego el todo de la expedicion; por la dificultad de los viveres, y decercion de los seis, dio-
presidio D.n Juan Bap.ta passara la maior
parte à Monterrey, lo primero me comunico en s.n Diego, convine en q.e se executara; de lo seg.do no teniamos noticia, de aqui
me la participo, y conoci obrava aun con
doble motivo.

Conferi facultad al Ther.e Moraga, p.a q.e
recibiera del Ther.e coronel, y q.e procediesse
a los Inventarios.

Por escrito hemos tratado, y convenido
el Ther.e coronel, é yo en q.e se efectue el
establecim.to del fuerte de s.n Fran.co y el
Paraje q.e destino, yo no lo he visto; los de
Diego estan cinco soldados, y la recua, pe
recerán en d.ho Puerto, los mandare aca, y
q.e unidos con los q.e se hallan en esta, dau-
ón al Sarg.to Grijalva, marche à Monterrey, con el q.e passare la corresspond.e al
Ther.e Moraga, q.e con el Sarg.to veinte soldados, los Pobladores, y los cinco de carrzos
passe à establecer el fuerte à s.n Fran.co

Parece razon s.r Exc.mo q.e por ahora se suspendan las dos Miss.s por ocupado yo, tengo por acá empleados quince sol-

dados de Monterrey, y se haze necessario q̃
el Then.te dexe ocho q̃ suplan en aquel Presidio. Quedo con fina voluntad rendido a los
preceptos de V.E. y con la misma pido a Dios
gue la importante vida de V.Exca por muy
dilatados años Sn. Gabriel y Mayo 1.o de
1776.

Exmo Señor.

B.L.M.s de V.Exca

Fernando de Riva y
Moncada

Exmo. Sor. B.L. Sor. Dn. Antonio Bucareli y Ursua

160

C-A 368: 17

Fifteen of Juan Bautista de Anza's letters to Fernando de Rivera y Moncada; written by an unnamed scribe and signed by Anza; from the Cowan Collection; included herein as "Anza No.s 1-6 and 9-17."

Nº 75

Yll[us]m[o] mío Con

motivo de dar à V.m. los anteriores Avisos, me

parece añadirle q[u]e à la Tropa que conduzgo p[ar]a

entregarla en el Pres[idi]o de Monterrey, y hé

reclutado en las Prov[incia]s dela Governacion de

Sonora les hé ministrado las Ropas, Ar-

mas, y otros necessarios que les concedio el

E[xcelentisi]mo S[eño]r Virrey, y tres messes ò poco mas

del Sueldo q[u]e deven gozar; pero como los

mas tienen ia de servicio ocho messes, se

les han destruhido, y acabado en ellos el V[estuari]o

trasio que se les dio: por cuia causa, y el de la Estacion tan cruda. necessitan de Ropa xo, y à este efecto tengo por oportuna el dàr a Vm. esta noticia, para que vino pulssa im combeniente les embir al encuentro alguna provicion de Ropa interior, que es de la que verdaderamentte estan necessitados hombres, mugeres, y Niños: pues con la exsrsiox, a excección de algunas fressadas, puedden tirar hasta ai.

Entre las familias que lleva va agrega da la muger, è hijos del Soldado de esse Presidio Duarte quien me pidio desde el Real delos Alamos le hiciese el bien de condu cirla à el lado de Su Marido, aquien se rexiuxa Vm. darle esta noticia pª qᵉ le embie, si

puede ver) socorro de Acerias, y lo demas qᵉ le

parexca.

Ntro. Sᵒʳ gue. à Vm. mª dª. Acampa

mᵗᵒ de dha Cooperᵒⁿ en el Pᵗᵒ de Sᵗ. Carlos y Disiembre

28 de 1775.

Vm. esᵐ ou mas vesᵗ vexᵗᵒⁿ

Juan Bapᵗᵃ de Anza

Mui Ymô. Señor.

niendo a V.m. noticiario dela Expedôn q.º segunda
vez ha puesto à mi encargo el Exmô. Sôr Virrey, p.ª
conducir treinta Soldados con sus respectivas familias al refuerso delos N. Establecimtôs del
mando de V.m. no escuso el participarselo
con la antelacion q.ᵉ me es posible reservan-
do en mi poder h.ᵗᵃ Otra ocacion mas segura
en q.ᵉ le remitire los Pliegos relativos à este
asumpto, y al reconocim.tô q.ᵉ hemos de hacer
del Rio de S.ᵗ Juan.

Con la expresada Expn. de mi man-

165

do, sali à fines de Sep.e ultimo anterior del
Piess.o de Xoxcamitau; y desde q.e emprehendi
su marcha, comenzaron los atrassos de ella,
tanto, p.r las repetidas enfermedades de sus
Yndividuos, como p.r otras ocurrencias inre-
mediables ya puesto en ella, las q.e previstas
p.r su Ex.a deseo a mi arbitrio el salir, à
qualquiera delos N. Establessim.tos p.a poderme reparar en ellos

Lo d.ho. anterior hà caussado, el que
hòi no me halle, en esse Piess.o de su carg.o
y sin esperanza de verificarlo h.ta fines
de Hen.o proximo ociurr.te i haciendo a t.po.
oportuno, los auxilios q.e expressare a V.S.
y tambien pido p.a mas abreviar à sus su-
balternos en las siuicines, como tambie

à lus P.P.M.M. atento aqe voi falto deellos

pr la incinuada Demora, y otros fatales osta

culos ami, irreparables.

Mas si en los otros auxilios, qe redu

cen à Viveres, y Caballerias pa transportes

dela Tropa de Sn Gabriel à Monterrei, conoci

ere Vm. qe pr su falta resulte maior retardo

que el qe Yo regulo, y qe del se siga elgo el Comte

ur Paquebot qe nos deve acompañar al indica

da reconocimto del Rio de Sr Fran.co no pue

da esperar atanto; en este casso me parece

lo maior pa qe no se frustre su concurrencia

elgo Vm se sirva comunicarmelo, con la nove

vedad posible, à fin de qe con la misma arrivo

Yo à esse Pressdo defando al cargo del Alfz Dn

Josef Joachin Moraga q.e me acompaña la con-
ducion de lo mas de mi Exp.on pues de s.n Gabriel p.a
adelante, no hai las atenciones q.ta à el.

En dha micion dexarè el Ganada Bacuno
q.e sobrarè despues de thomadas las Reces precisas
p.a manutencion de la Tropa, y viene tambien
Destinado p.a socorro de los N. Establecimien.tos el q.e
puede reducirse à poco mas de cien Cavezas; respecto aque aunque deuian ser Docientas
hé tenido en ellas perdidas creccidas, aconte-
ciendo lo propio con las Caballarias, y mulas
y p.r no exoprimentarlas en el todo, y p.r lo demas
referido hé resuelto valir à la enunciada
micion p.a q.e vno y otro se pueda reparar
en cuio concepto voi de venta q.e V.m. me ha
vir, ò lo execute al Comand.te de la misma,

ticion, ni tpõ. en q.º pueda seguir p.ª adelante.

A. este Comand.to y al P.e ministro

de ella, pido me embien al encuentro las

Caballerias q.e puedan remitirme, y lo propio

executo con las succesivas, añadiendoles que

de la primera à la ultima me franquen los

Viveres necesarios, lo q.e remitira a Vm. de avi-

so. p.ª su govierno, y que en este particular

hobrare p.r mi, mientras rcivan los propios

Comandant.s y PP. M. M. las respectivas

ordenes q.e no dudo sean como propias de

su celo, y qual conducen à que esta Tropa

siga con el contento que h.ª aqui: por cuia

razon no dudo tenga Vm. abien lo por

mi dispuesto, como obligado de la necesidad

llegando esta, al extremo de volo quedarme

comestibles p.ª de aqui al dia ocho, ó nueve del

mes, y año ocurr.te sin embargo de que la

superioridad, no se me regulaxon p.ª tanto,

P. D.

Se me paro expresar á Vm
q.e tambien algo mas falta
va la Exopa es de favor y
calzado, como q.e vi ai el
primero en ese ration es
de exancito lo pedire p.ª
recoxexles en lo presito.

Ntro Señor gue. á Vm. m.ª a.ª

Acampam.to de dha Exp.on en el Punto de S. Carlos
y Diziembre 28. de 1775,

Con extremma reg. ver

Juan B.ta de Ansa

Gov.n q.e Fernando
de Rivera y Moncada

Muי Mio Por todas partes nos

cixcundan las Novedades, y cuidados, motivos p.ª

que no haiga despachado la Recua, y Soldados en

que quedamos combenidos, y es el casso: que el dia

14. del pres.te en que axxive à esta viicion, halle en

el, la ocuxxencia reque la noche antexiox se decex-

to el Soldado Yepis de esta Escolta (aquien toca-

va estar de Caballada) y tres Xanx.s de mi Coop.n

y Un sixviento del saxg.to de ella. los que para su

intento robaxon vela misma Coop.n los efectos q.e

estavan asu caxgo, como Tabaco, Piñol, Abalo-

xio, Chocolate, vna Escopeta dela Escolta, y otxas

cosas de poca monta de los Soldados mios, y lo q.e

es mas sencible como veinte, y sinco Bestias

dela misma viicion, y Escolta.

Aunq.e este hicexo se supo à la media noche

no pudo salix el Th.e moxaga h.ta otxo dia à las

diez, quien salio empeñado venquixtos dos dias
con sus noches; pexo p.r su tardansa h.ta el press.to y p.r
dos soldados q.e volvio de rexa del valle de N.rꝛo Toꝛo,
infiexo q.e los vequixa h.ta el Rio Coloxado, lo que
s assi egecuta, no suido comiga apxehendexlos, y
que taxde dias p.a xegxessaxse: p.r cuio motivo y lo
demas q.e me exigen à salix deaqui hé xxuelto
dexaxle Escolta p.a que me vaia alcanzax à la li-
gexa, y à Vm. comunicaxle abisso xetodo lo que
me há paxessido xxolvex p.a q.e de nada estè ig-
noxante, y segun ello thome p.s hai las pxovide-
cias q.e le combengan.

El dia de mañana salgo p.a Montexxei con
los mas Individuos s emi Coop.n decsando en
esta doze Soldados con su fam.s à caxgo del
Saxg.to de los cuales andan cuatxo con el Th.s
ag.n tambien acompañan el Cavo Caxxillo,
y otxo Soldado de esta Escolta. De la misma
van con la Recua López con otxos dos: acu
numexo agxego sinco s emi Coop.n paxa q.e
todos conduxcan el Atajo de veinte, y sinco
mulas, y cuatxo Haxxꝛ que xemito à Vm

172

ve quien es sobrresaliente Torre Ygn.º mariñas quien conduce diez, y veis, y media carg.ᵃˢ de
Puangoche q.º son las mismas que de hai se tra
xeron.

Esta mi.ᵒⁿ queda resguardada (p.ᵒ lo pres.ᵗᵉ)
con el Sarg.ᵗᵒ y sinco Soldados, y amas de estos tres
que deoo p.ᵃ q.º acompañen al Th.º moraga asi q.º
se regrese: acuio total quedan comestibles de maís
y frijol p.ᵃ veinte, y tres dias: cuia especie p.ᵃ el mis
mo tiempo llevo &c.

Con el motivo de la seguida que hace el Th.º de
los Decertores nos hemos desauiado todos, y es
el que caussa el no remitir à Vm (como haua
quedado) algunos Caballos; pero en consideracion
al desauio en q.º graduo quedará esta Escolta, ten-
dre pres.ᵗᵉ el volver las q.º vean dables de Montrrey.
si moraga me alcanza con la Noticia de que
no pudo quitar las robadas a los Decertores.

En el mencionado Pres.ᵒ pondre en practica
todos los encargues de Vm contenidos en su ultima
carta; y p.ᵃ el efecto de las Plassas q.º se hande rem-
plazar; llevo ia à dos Sugetos al proposito: y regulan-

do necessite Vm. de provex alguna otra hai, ò aqui vi

no cooen al Decextox, acompaña à la Recua vntalVe

ga, q.ª ia otra ocassion ha tomado paxtido, y va hà aver

si le complase à Vm.

Dexo prevenido al enunciado Moxaga dè à Vm. no

ticia de lo q.ᵉ haia pxacticado en su validà con otxas

pxevenciones propias del sucesso.

Sin embaxgo deque en el, no se incluyen nin

gun Indiuiduo de los q.ᵉ vienen aquedaxse en estos

Establessim.ᵗᵒˢ no hè quexido fiaxme de esta fir

messa, y p.ʳ tanto, y no expomexnos à peox la me

tengo p.ʳ combeniente el maxchax con lo mais

la Gente, que aunq.ᵉ no hai. en ellas apexien

cias de decexcion, si la hai en su disgusto. Especi

cialmente pox lo que se les ha minoxado la

Vazion, y el Soldado nunca conose que es

muchos Cassos, esto es indispensable.

El Ganado Bacuno se hà restablessi

do de modo que puede seguir paxa axxiva

à eccepssion de Vnas pocas, las que Dexo al

Saxg.ᵗᵒ p.ᵃ no malograx las Cxias

Fambien me hà paxessido avissax.

à Vm. que el maiz que hà Reministrado el R.

P. Paterna aciende à cuarenta y Nueve faneg. y

seis almudes.

Ntro Señor que à Vm. m.ª g.ª g.r Gabriel, y

febrero 20, v 1776.

P. D.

El borro aquí el borrador y borro otro

mio entre lugar

En m. a vm m.ª a vng. or

Juan Bapta de Anza

S.or D.n Fernando de

Rivera, y Moncada

Muy Sôr mio: el dia 10, del actual llegue con
toda felicidad al Presso. de Monterrei en diez, y siete
Jornadas, sin haver tenido mas contra tiempo
qe una corta llubia, acaescida en el mismo dia que
llegué.

Y Immediatamte. qe lo esecute à la providencia deq.al siguiente dia se fuese abastecando nra Nueva Tropa
y familias; pero como desta providencia, y de estar entendidos qe no passan tan promtos como dessean, à
su principal, y ultimo destino, se les hà origina
do gran pessar, y disgusto. Me hà parecido participarselo à Vm. con, el fin deque se les complas-
ca, haciendo al propio tiempo el mexor servicio
al Rey, y tambien cumpliendo en la parte que
se pueda los estrechos Ordenes, y encargues de su
Exca. à fin dethomar possecion del Pto. de San
francisco, en lo que Yo tambien me regossifa
ré, y mucho mas pudiendo decir àmi vista
à Su Exca. queda ia ocupado (quando no con

toda) contra maior parte de ella.

Porque esto assi se verifique (sin tratar ente
press.te delas municiones que le deven acompañar
selo suplico à Vm. en mi nombre, y dla pre dha
Exp.on Mestando cierto seg.o en ello, todos tendrèms
el consuelo que apetecemos, en ver en la maior
parte efectuadas las Ords de mia superioridad
p.a lo q. Ofresco à Vm (sin embargo delo que lleco
sta p.r mi dicho lo estrechado del tiempo quem.
queda para regresarme à (Mexico) el q.e despues
que me buelva del primer Reconocim.to que voi à
hacer del mencionado Puertto, à que saldrè de
tro de cinco dias; bolverè si lo tiene p.r combeni
ente ha conducir à su destino mia mencionada
Tropa, que alli deve establecerse: enlo que, combi
niendo Vm. (como no dudo) no verà necessario mi
tal influencia: pues el celo, y actividad del Th.e D.
Josse Joachin Moraga, me consta que esta pro
to à este, y maiores intentos: y los Individuos qu.
le hande acompañar, poseen el propio ardor.

Ympuesto Vm. detodo lo dho, como seg.o mi
buelta à Monterrey (no haciendo atrasso de
Uribias) podra efectuarse à los veinte dias, ò po

mar de esta fh.ª se rexirira Vm. darme para el mismo termino la respuesta q.e tenga por combeniente; y siendo la qual le suplico quitamos á nĩãr Gentes los sinsabores conque se hallan, temiendo la
pension de sus hijos, q.e p.r estar transeuntes no tienen en que ocuparlos: y el bulgar d.ho vesinos sin
las muchas urgencias, no se thoma Possecion del pto.
p.r lo que tanto ha anelado la incomparable Piedad de Nrõ Soberano, y como.r Ex.mo S.r Virrei, quien cuenta p.r Vno desus maiores Progressos la mencionada possecion.

Nrõ Caballeros han llegado muĩ razona-
bles aqui, y haciendo mios calculos D.n Josse Joachin
Urozaya, y Yo, reg.do con las uulas aperadas q.e hemos
conducido, habra las suficientes, p.a q.e tambien lo
hagan de viveres al Pto. de S.n Juan.co no obstante el Atajo q.e hai quedo; combenimos en q.e hai las Suficientes.

La Coop.n trahe p.r si, una Barra, tres Hachas,
y tantas Palas, con lo que, ó poco mas que se le agregue, tienen lo suficiente p.a hir comensando sus
fabricas; y respecto á que siempre sera lo maôôr que
se hagan q.e antes de Ferrado, me parece decir
à Vm. q.e mande la Providencia reg.e el Carpintero

haga vnas Adoveras, ó passe á fabricarlas al Nu
evo Fuerto. Por vltimo, y para que esto tenga efecto
Vm. vea, si en q.^{to} baigo, y puedo, soi de algun vtil, y
ocupe mi ininutilidad con toda confiansa, y satisfa
cion, crecido ^{de} que la maior mia sera de oar (como
ia hé dicho) puestar en practica las Or^{es} de m.^a su
perioridad, y desempeñar las commuciones que
nos han encomendado.

Nro S.^{or} que á Vm. m.^s a.^s Mision del Cax
melo, y Marzo 13. ^{de} 1776.

B. L. M. de Vm. su maior v.^{or}

Juan Bap.^{ta} de Anza

P. D.

Tengo not.^a cierta de
q.^e los P.^P Misioneros
Destinados á las nue-
vas Fran.^{co} hacer á ni-
mo desde eres p.^{ara} los
Barcos ni de aqui á
su arrivo nose proce-
da á mandar á la Vri=
cacion del Fuerte en lo
q.^e me ha parecido imponer la orden para q.^e excuse
ere lance q.^e puede
ser de malas resultas
y no dudo ser.^a lo practiquen los Religiosos
q.^e ha tanto t.^{po} esperan
ere Destino con ansia

Sor D.ⁿ Fernando de
Rivera, y Moncada

Mui S.^{or} mio: en virtud delos encargueu de Vm.
le Rmitto el numero de hombreu q.^e me pidio con f.^{ha}
de 8. vel passado le Rmitieu, y aunq. no lo execu
tan lo q.^e Vm me expressa, eu p.^r motivo veq.^e lo
ai, p.^a q.^e no puedan hiz.

Por la misma he licenciado a Gerardo Pe
ña. entrando en su lugar Casimiro Varela casado.
El Prim.^o conduce lau Caballeriau enq.^e hacia el ser
vicio al aduitrio de Vm. veq.^e va inteligencia
do: en cuia vista podra Vm. determinar ve
ellau lo q.^e mexor le paresca.

El Fr.^o D.ⁿ Jose Joachin moraga, me ha
dado parte veq.^e lo executo con Vm. vela veguida
q.^e hizo delos Desertorev, como de haverlos entre
gado al Garg.^{to} Com.^{te} en S.ⁿ Gabriel, alos que, (esto ev
a los cuatro Harr.^s que alli devo en pricion, yalq.^o
mando poner devpuev seq.^e ve regresare ve S.ⁿ Diego) con
seno aq.^e passen a la fabrica del Fuerte, y Mición

de S.r Man.co á razion, y sin sueldo, entre tanto dis
pone otra cossa el Exmo. S.or Virrei, á q.n daré par
te de este particular.

Sobre el, no há practicado ninguna providen
cia judicial, y p.r escritto oho Th.e Moraga; pero me
asegura que las verbales de todos, contextan en
expressar, que la mencionada Desercion dima
no de lo que siento decir a Vm. si el casso se aver
gua cierto: y es, el q.e hauiendo vendido repetid.s
vezes, y p.r su sugestion al Yobo, y al Cavo Carrill[...]
porcion de Chocolate y Azuguaro.te el Harriero Joss
Yg.no Amarillas: cuio cargo estaba lo referido
y conociendo este, que se hauia dehechar meno[s]
su Yobo, como de castigarle Yo su infidencia, tom[o]
el partido se combidar al Soldado, y demas. De
cortoses, y que hauiendo combenido en ello, al
tiempo de exxecutarlo, se arrepintió el pie oh[o]
Amarillas: en cuia vista, y si tener hecho s[u]
animo p.a efectuarlo la convsumaron los cin
co que aprehendió el mismo Oficial.

Digo à Vm. todo lo referido, p.a q.o en su vis
ta thome, o mande thomar las declaracio
nes que combengan para el processo del[os]
Soldados, ó justificacion del Vno de ellos.

N.ro Señor que á Vm. g.e Muchos [Años]

Del Carmelo y marzo 13 de 1776

X

m̄ d v m su mador s̄

Juan Bapta de Anza

Sor Dn Fernando de
Rivera, y Moncada

Muy S.or mio: sin embargo reque regun lo q.
acordamos en el Presidio de la Vega, espera no veamos en la
ulucion de S.n Gabriel p.a el 25. proxima ocurrente a fin de
que nos acordemos sobre los asumptos que nos estan en
comendados p.r el Exmo. S.or Virrei asecto de obrar todo
contingente; por sino se pudiere verificar nra vista,
me ha parecido imponer à Vm. en los particula
res siguientes, a que à todos modos se servira con
testarme.

En virtud de las superiores ordenes de su Exca. de dos de
hen.o y veinte, y quatro de Mai del año proximo an
terior, y de lo que tambien combenimos entre ambos
sobre este asumpto: passe al exacmen del P.to de S.n
Fran.co y Parages immediatos mas proporcionados
p.a el Establecim.to de su fuerte, y las dos uciones
que le deuen acompañar: en cuia Inspeccion hai
lle que en lo mas interior del mencionado fuerte
que no se auia reconocido, y en lo mas estrecho
de su Boca (donde se se plantase una cruz) hai pro
porcion suficiente p.a la ubicacion del fuerte: pues
logra de varias aguas, y permanentes segun à
todos nos parecio, y h.ta dos leguas con abundancia de

Seña berde, y seca, de la que se puede sacar la Palisada
pressisa, pa Estacadas, y Barracas, como tambien sus
horcones Baxos que en todos estos Terrenos, toda en lo otro interior del Puerto: a cuio sitio principal indicado, tambien se puede conducir de sinco leguas a seis, de la Cañada de Sn Andres (donde estube) un sillage de Pinos es-
mulas para fabricar mas formales: cuio viage se podra executar en diez dias pa buen camino, y libre de los
Medanos qe se han transitado ha hora.

En Virtud de esto, y de que el principal objeto de los
gastos que se han hecho, y hacen pa la ocupacion del
Referido Puerto, aspiran a que se verifique en el proprio, pa qe pueda ser guardado de la Tropa que se le destin-
a: es mi dictamen que quede desde luego à luego, ocupado e-
el mismo lugar en qe dexo clavada la cruz, y ha vist-
el Thente Dn Josse Joachin Moraga, no faltando (como
juzgamos) la Agua pressisa pa Beber: en cuias
circunstancias separare mi dictamen, pa qe se ubiq-
en una Laguna de Agua corrte, que esta à una legua de
este Primer sitio, en lo interior del Puerto, ò en el
Ojo de Agua de los Dolores tambien interior, y av-
do pr el mismo oficial distante del primer sitio dos
Leguas.

El Ultimo mencionado, en la suposicion de n-
faltarle la Agua que tiene, puede sufrir alguna ven-
tra de Riego: y mas interior à media legua, hai
una ancha Cañada de buena humedad; todo esto-
lugares ban corriendo à la costa del Estero qe gira
al sur, y pa qe quando no del todo se verifique qe el
este quede en medio de las dos siticiones, y lo menos
tante qe pueda ser, tambien doi mi dictamen pa q-
en el, se funde la primera, y la segunda en la Canada

184

de Sⁿ Andres; como igualmᵗᵉ vi le faltan à la primera
las proposiciones bressiras, qᵉ sea en servizio de Dⁿ Pedro Regalado, el que aunqᵉ Yo no vi, me aseguran ser para el
Casso el mas immediatto al huerte, y cerca de la Costa, qᵉ
es una de las particularidades qᵉ recomienda Su Exᵃ.

Arreglado à sus superiores Ordns, y sin separarme
del Espiritu de ellas en lo sustancial, si la necesidad no me
há pressisado. en vista de lo qᵉ he observado sobre el Terreno
produrgo à Vm. mi anterior dictamen, como me Ordena dho V. Exᵒ. Yallgᵒ como digo al principia, servirira
Vm. darme el correspondᵗᵉ acuso pᵃ los efectos qᵉ me con-
bienen.

Nⁿ Sⁿ Orᵈᵉ guᵉ à Vm. mᵗ aˢ Carmelo y Abril 12 de 1776.

Bm œbm sufⁿ seg seurⁿ

Juan Baptᵗᵃ de Anza

Muy S.r mío = En contexta-
cion de la de Vm. de 17. del pres.te digo: que aung.e me reconosco libre de toda responsavilidad, p.a no contextar
a Vm. p.r el parage acahesido el dia de m.tro encuentro
no obstante; en obcequio del R.l servicio, me vacrificare
à ello, y en inteligencia de mi condecendencia, combengo en contextar con Vm. solam.te p.r escripto en los asumptos que unicam.te cohincidan al establessim.to del
p.to de S.n Fran.co

Mañana en la tarde salgo p.a la micion del S.n
Gabriel, en donde se verificara lo que ofresco à
Vm. pero si conduviere al R.l servicio, me lo co-
municara p.a detenerme.

Tengo respondido à las Cartas de Vm. de
28. de Marzo, y 2.n de Abril del pres.te año, que
la entregare en tiempo oportuno, y en ocasion que p.r su azumpto no se interrumpa el R.l serv.o y contextacion, a que como en-

go en obcequio de el.

Ntxo Señox que à Vm. mᵉ aᵈ. uicion de Sᵗⁿ

Luiz y Abxil 21 de 1776

Juan Bapᵗᵃ de Anza

Sᵒʳ Don Fernando
de Rivexa, y Moncada

Illmo Sōr: En contestacion del ofi-
cio de Vm. de la fh.ª de este dia, digo: q.° la noticia q.° Vm. me
indica participada al Th.te D.n Fran.co Ortega no carece de
fundam.to pues en combersacion privada la produge Yo diciendo que su propio modo verse refirio en ulte.co pero
no p.r su Eȃ ni otro Jefe de los q.e mandan; y assi le puede Vm.
dar el credito q.e Juzgue: pues de haver sido de oficio no ve
me havria passado el comunicarsela à Vm.

Al Segundo de su citada digo q.° celebro anoctodo el q.°
se Verifique (como me incinua) el Establesim.to del p.°
de S.n Fran.co pues me lisongea no poco el conducir esta noticia tan apreciable p.ª su Eȃ en cuio concepto me havia Ofrecido à contribuir p.r mi parte à sus princip.s
y p.r lo mismo combengo gustoso en q.° queden p.ª su fabrica los Peones que Vm. me proponia regressase.

Al tercero, y al cuarto de la misma citada en el Supuesto de las causales q.° Vm. me expone p.ª no proceder
al Establesim.to de las Miciones q.° deven ubicarse à las im-
mediacion del enunciado fuerte, combengo p.r mi parte en
el propio pensam.to de Vm. pues creyendo no sea tarde su
efecto, dilatado tiempo q.ª aprueve esta Suspencion su Eȃ q.do
mire p.r otro lado, se há dado principio à lo mas caso en

cial de su Superior Ordenes.

A las otras dos asumtas de Vm. responderé por separado y aqui solo añadiré, que daré espera para lo que a Vm. se le ofrezca escriuir à su Exc.ª Oi, mañana, y passada mañana, que es quanto puedo esforzarme por solo este fin, lo que para el propio (periodo) le veñirá à Vm. de govierno.

Ntro Señor que a Vm. m.ª a.ª S.n Gabriel y Abril 22 de 1776.

Bm. a Vm. su reg. ven.r

Juan B.ta de Anza

Muimmo: en concedotacion dla tercera
de Vm. de fha del dia, digo: que ami proparida
de Monterrey me presentó el soldado Albert.
Vaßquez el Papel q. Vm. me insinua: y hauien-
dole visto solo las fixmas ledixé: que si no me
encontraxa en el Estado en q.e me hallava, le
pondria ael, y atodos los q.e le acompañaban à
fixmar en un Castigo correspondiente: pues no
ignorada q.e tal peticion, hexia contra Ordenanza
y fuera de su regular conducto; p.r lo que, y hauer
la repetido á Vm. le estimaxe.no sequede vin el
mexecido castigo, respecto aq.e ni el, ni todos los q.e
vienen ignoran la Ordenanza; pues se las lei,
ó impuse en ella aun antes de entrax al ver-
uicio. Como que aproporcion dlas Caballerias.
q.e han llegado aqui, les he hecho el Rparto.
sin ningun agrauio, y q.e si no vienen cumplido el numero q.e veles ofrecio p.r la superio-
xidad; no hassido p.r q.e veles haia quexido fal-
tax à dha promessa: pues p.a el fin compro las
suficientes: en seruicio de todos sean perdido con
q.e no vienen razon p.a pedix mas.

190

Dexe à todos los Reclutas en cuonterra
à dos Caballos, y vna mula; p.r q.e me asiguió el
Th.o Aloxaga q.e con los q.e hauia dejado aqui, al
canssaria assi p.a todos, y les concedi las que hau.n
vsado cada qual: y lo mismo hauia hecho anim.
de Practicar aqui, y despues de execcutado esto, q.
se les diesse vna mula mas: quedando las
sobrantes à benefficio dellos propios, ò del Establessi
m.to del fuerte, en casso de no tener Vm. mas
neccecidad à q.n atender, q.e es lo propio q.e àhora
digo à Vm, y con lo q.e satisfago igualm.te al primer punto del seg.do Capitulo. y la de Vm.

En q.to à la propuesta q.e Vm. me hace
p.a el Rparto del Ganado, combengo en todo, con
lo mismo q.e Vm. me insinua no dudando l
àpruebe su Ex.a en vista del parte q.e sovre
ello le demos.

Ala pregunta q.e me hace Vm. en su tercer
Capitulo, respondo; q.e en mis ordn.es è instrucion
no se me dan mas Reglas en q.to à la Paga de
tal Tropa, q.e es decirme, creeré lo propio q.e à Vm
esto es, q.e el Th.o hade gozar secientos p.s annu.a
el sarg.to cuatro cientos, y cincuenta, y vn pesso
ario p.a cada soldado: à cuio efecto, y ajustela a

191

ticipacion de tres meses de paga q.º les tengo verificadas, y aun p.ª mas tiempo, se me en tregò en especie de dinero, q.º es q.to puedo decir à Vm. sobre el particular.

Al quarto y ultimo de su misma me impone del cuidado q.º le assiste p.ª la exis tencia de estos Establessim.tos si no vienen pro visiones suficientes; pero me hago el cargo q.º no desatenderà este propio asumpto la mag nanimidad de su Exc.ª a d.º q.n a mi vista no lo dexarè de significar p.r si acaheciere algun fatalidad: en cuio lançe (aunq.º considerablem.te distante) se puede hacer algun recurso al Rio Colorada, donde de Maio à Julio abunda en es tremo el Trigo, y de Sep.º à Octubre el Maiz, y frijol lo q.º produxgo à Vm. p.r parecerme estar mas prox.mo q.º la antigua Calif.ª donde otra vez creo se recurrio en tal urgencia.

Ntro P. gue a Vm. m.a S.n Gabriel y Abril 29 de 1776

B.L.M. a Vm. su mas vert.º

Juan B.ta de Anza

D.n Fernando
Rivera y Moncada

Muy S.or mio: en respuesta de la de Vm. de
fha. de oi, sigo a su primer capitulo que si me he
manifestado sentido, havido desde el mismo punto
en q. quando se verifico mro encuentro, y q. apenas
havia acavado de articular sus primeras palabras de urbanidad, y buena crianza: pico Vm. a su
Caballeria, y se marcho sin darme tiempo mas
de para lo q.e le pedi en aquella ocassion.

Si si, Yo alguna p.da es este tratam.to en q.o soi el menos
paciente, y si el servicio del Rey, y ordn de s.e Exc.mo
s.or Virrey, este mismo s.or impuesto de lo anterior,
hara dar la satisfaccion correspondiente q.e es con
lo q.e o me contento: pues ninguna otra sea regula sea
suficiente, y entre tanto esto se verifica, sirvirra a Vm
de govierno q.e lo dho no impide a q.e dese.e de contribuir en to a q.to alcanse, y pueda, en todo lo q.e sea del r.l seruicio, y el de Vm. particular, creido de q.e en uno, y otro
me sacrificare mui gustosso.

Al seg.do Capit.o tengo contesttado anteriorm.te
p.r lo q.e lo omito hacer en esta.

El tercero de la citada de Vm. me hace el favor
de lo q.e le tenia pedido p.r el soldado Sallegos: a cuia fineza quedo reconocido, y con el mayor agradesi-
m.to como tambien p.r lo perteneciente al rasg.to

Gongora, p.ᵒ todo lo qual doi à Vm. las devidas gracias.

En Contestacion al quarto, y ultimo digo: que en el mismo casso al Robo, y deserzion que consumaron aqui, soldado, y Axxier: siempre hé visto que delos sueldos de tales Gentes se satisfaga lo primero en cuia atencion Vm. dispondra lo q.ᵉ tenga por mas combeniente.

Nrō Sōr guē a Vm. m.ˢ a.ˢ S.ⁿ Gabriel y Abril 29. de 1776.

Ym. a Vm. su m.ᵉ seg.ᵒ serv.ᵒ

Juan Bapt.ᵃ de Anza

P.ᵒr D.ⁿ Fernando de Rivera y Moncada

Illmmo Para maior inteligencia

de Vm. sobre to q.e tiene visto en el p.to de S.n Fran.co como p.a

lo q.e pueda importar à las noticias q.e sobre ello dè a su

Exc.a con presencia del dictamen q.e sobre el propio

particular, tengo exiuido à Vm. le incluio el adjun-

to Plan, lebantado en d.ho p.to q.e visto, se servira

devolvermelo.

No tiene las Notas q.e le corresponden; pero

seruira à Vm. de govierno, q.e los puntos seguidos

indican el viage q.e Yo hice a su reconocimiento:

cuias jornadas estan señaladas p.r el ôrn del

Alfabetto. Donde esta la F. y una cruzesita es lo mas

estrecho del p.to y el sitio q.o p.r mi parte señala p.a

la ubicacion del Fuerte. Donde esta una cruzesita

immediata à la anterior, y a la su isquierda, es

el àonde Vm. coloco la Ruia de la enunpcia-

da mia: p.a lo interior del p.to es donde exis-

ten las Aguas, Leña, y Pastos q.e Refiero à Vm.

en mi dictamen.

De la letra T. á L. es el desembogue del Rio de
S. Franco. aunq. p.a mi, y lo q.e vi, no es tal Rio; sino
Laguna q.e se origina delas Aguas delos Tulares,
y de Una vierra Nevada (en extremo) q.e esta opuesta á los oh.os

Nro. S.or q.e á Vm. m.s G.e muicion de V.ta

bviel y Abril 30. de 1776

Em.o á Vm su veg. ven.r

Cuar.l B.ta de S.t Anza

Yllmo. Acavo de recivir

el Oficio de Vm. en q.e se sirve confirmarme la Re-

solucion del Establessim.to del Pto. de S.n Francisco: so-

vre cuio particular, y lo q.e contiene el tercer Capitulo,

me ha parecido expressar á Vm. en esta, que conos-

co no hade ser de tanto agrado p.a su Ex.a la situa-

cion del mencionado fuerte, donde Vm. me insinua

como en el q.e queda señalado con (una) Cruz que

tengo indicada á Vm: pues de este modo se ve-

rifica el total predominio de el, sin que padesca la No-

ta, q.e el S.r D.n Diego, y otros: por cuia razon soi de

sentir, q.e esto es preferente, alas demas como-

didades q.e se apetecen p.a la Tropa: pues es cla-

mâlo
ro q.e menor (claro) es, q.e tengan su siembra,

y otras proporciones, halgo distante, q.e el que

p.r disfrutarlas, se quede sin resguardo la Boca

del P.to en donde no les falta la abundancia

de Leña, y pressiva Agua p.a su manutencion,

en cuia sola ultima falta, se puede recurrir al

otro sitio; que tambien no estando en el el fuerte

se puede aprovechar p.^a el Establecim.^{to} de una de
las Miciones; con lo que en la maior parte se lo-
gra poner en practica, las prudentes resoluciones
de m^{ra} superioridad, sin q.^e p.^r esto se fustre el q.^e la
Tropa que se establesca en el Fuerte, dexe de tener
en que hacer algunos exercessillos: pues para
el efecto hai una Laguna intermedia entre
el Fuerte, y Micion, q.^e atajandole el corr.^{te} en
tiempo oportuno, se recoxera Agua suficiente
p.^a maiores intentos.

Lo d.^{ho} es unicam.^{te} exponer á V.m. mi ven-
tir, p.^a livertarme de toda Nota, en q.^{to} à este Establessim.^{to} sovre lo q.^e V.m. dispondrà lo que le
parexca p.^r si solo.

Tambien me parece decir a V.m que el mencionado Establessim.^{to} no se deve conferir con
los Soldados, quienes p.^r lo Regular prefieren
su interez, y comodidad al servicio: y p.^r lo tan
to tales asumptos, se comicionan à sus Ofici
ales, y haviendo de esto à los anteriores, m.^m
en su distancia, es hacernos poco favor, en con
sultar con ellos, asumptos en q.^e no deven inter
venir: y si hai ordenanza q.^e previene, q.^e q.^{uando}
,, un ofi.^l q.^e manda, consulta à los de su clase, lo q.^e
,, el deve disponer, es señal de q.^e con la variedad de

y parecere, quiere embrollarse p.ª no hacer cossa de provecho; q.º se dixo en igual casso con
zultado con los (mismos) *simples* soldados.

Sovre el cuarto Capítulo digo a Vm. q.º el
repartto del Ganado supuesto tiene tiempo,
se puede dexar p.ª el: pues como tengo dho en
mi anterior en este azumpto, soi conforme
en q.º a cada soldado, y Poblador, se le dé Vna
Res hiembra, vn Novillo q.º le pueda servir
de Buej, y p.ª todos, los Toros q.º se Regulen necessarios: De cuio modo se les da Reses provechosas,
y de procreo, con lo q.º se escussan sentimientos.

Al quinto satisfago con decir q.º la referencia (q.º Vm. supone se hoiga con disgusto) en nada
perjudicará à los azumptos de q.º Yo tengã el honor de informar à su Exc.ª y q.º conosca combienen p.ª el bien de estos Establessim.tos en cuia
inteligencia estimare à Vm. no se buelva à
mencionar esta espécie:

Al sexto, y último digo q.º bien sabra
Vm. q.º desde la nueva ordenanza de Presidios
carecemos todos los Capit.es de ellos, de la facultad
de Licenciar á ningun soldado: lo q.º esta reservado unicam.te al Yñsp.r Com.te con q.º ofresco

199

á Vm: intexevaxme p.r la q.e solicita p.or el
cual Bailon Rivexa.

Ntro. S.r gue á Vm. m.s a. Mucion a.van
Gabriel, y Maio 1.o de 1776.

Bm. æ vm: vu reg. ve x.to

Juan Bap.ta de Anza

El oficio de

V.m. de fh.ª de diez q.º me dixigio á las diez de la noche,
me dexa con toda satisfaccion p.ʳ combenirse con
mi dictamen sovre el Establess.to del P.to de C. han de
cuio modo conosco q.º la daremos á su C.ªª pues no hai.
duda q.º verificandose assi, queda asegurado enteramente: pues á fusilaso se puede defender, y obcervar con
tiempo á qualquier Embarcacion, que se quiera introducir: lo q.º no se conseguira lo contrario, atento
aq.º en la fuente, ú oso de Agua de los Dolores, esta retirado (como digo en primer dictamen) dos leguas
de la Boca, y está tan oculta q.º h.ª estar dentro del
P.to la Embarcion, no se obcervaria su entrada,
ni menos su venida á el.

Al pie del Cantil blanco donde purse la cruz,
Juzgo q.º en Pozo poco hondo, no puede faltar abun
dancia de Agua buena en la maior seca? A menos
de un quarto de legua al sur, y donde S.to estube
acampado, esta otra buena Laguna de la que

salia un Buey, y esta corriente, ó no, me dixo el Cavo
Robles vio aunq.e largo en la veca passada al Pu
ente. Y á como una legua esta otra q.e tambien co
xixe, y en la q.e tengo d.ho á Vm. se puede atajar con
mui poco trabajo, y con solo tierra, p.a q.e sirva á los
Ganados, y p.a hacer algunas Huertas. A mas de ella
hai otras dos intermedias à la propia, y al Puente
como tambien otros vencexitos, vienq.e Regulo no se
an permanentes.

En tales circunstancias, y la Azequ no jurgo
q.e falte como hé d.ho la Agua pressisa al Puente
hexá vencible, y notable no se establesiere donde conse
ga el fin p.a lo q.e es creado, y Resuelto à compensar
tantos gastos: en cuias graves circunstancias
é importantes consideraciones, y p.r conseguir
tan altas ventajas, se pueden tolerar algunas
leves faltas: pues la eccencial de la manutencion
pressiva p.a la Tropa, la cuenta esta segura don
de quiera q.e el Rey la destino

Para maior seguridad de todo lo indicado, me
parece será conducente el q.e q.to antes dixera à Vm
orn al Th.e moraga p.a q.e su propio modo, passe
à Rtancar (p.r primera providencia del Establessi
m.to) las Aguas referidas: pues no dudo q.e hierá
pronto lo consiga, y con ello se livere del Cuidado

q.^e lo contrario puede caussar, y tal vez fustrar este intento tan interessante al servicio su Rey, y seguridad a su Dominio.

Ntro. S.^{or} que à Vm. m.^s a.^s S.ⁿ Gabriel, y Maio 2.ⁿ de 1776.

Vm. a Vm. su serv.^{or}

Juan Bapt.^a de Anza

Sor D.ⁿ Fernando
de Rivera, y Moncada

203

Ilustrísimo. A las seis, y media de
la tarde de este día, hé recivido la de Vm. de fha del mismo, q.e me entrego el Cavo Carrillo p.r la q.e quedo entendido del motivo q.o le acompaña p.a no dirigirme
ninguna Carta p.a su Exc.a y de imponer à este Sor.
del mismo como me encarga en su (Posdata) lo q.e
egecutarè con bastante sonrrojo mio, sin embar
go de q.o no voi Yo el q.e comete, tan remarcable herror: pues al menos con el tiempo q.e hé dado
à Vm. p.a escrivirle (y mucho mas con lo que
le embie à decir aier mañana con el Varg.to Grijalva) no le faltava p.a decirle lo propia, que
à mi me encarga p.r medio de una Carta

No llevando ninguna p.a su Exc.a
tampoco tengo p.r conducente (al respecto de dho S.or Exc.mo y mi honor) conducir una
buelta q.e acompañava la mia p.a el P. Gri-

ardian de S.n Fernando de mexico, q.e es adjunta.

Ntro S.or que a Vm. m.s a.s Ymm.

oraciones del Rio de S.ta Anna y Maio
3.n de 1776.

B.m o v.m su veg.o serv.or

Juan Baptista de Anza

S.or D.n Fernando
de Rivera y moncada

Muy S.r Mio: En contestacion
del seg.do Capitulo de la de Vm. de fha de este dia digo:
q.e aunq.e no tengo tantos años de servir al Rey, como Vm: me dice en la misma: desde q.e tube el honor
de comenzar la carrera propia, procuré el ins-
truhirme en lo mas comun (como es devido
á todo siruiente suio) en cuia inteligencia
nunca hé mezclado mis asumptos particulares, con los de Oficio; como Vm. lo executa con sus años de servicio, y experien-
cia; p.r lo q.e le dixe en esta: q.e no es de Oficio (y si
p.a q.e la press.te a donde guste) q.e si Vm. p.r no hechar
fuego, á una de mis tres cartas de 22, del pasado, en q.e le pido no se toque este asumpto;
Yo p.r q.e no se interrumpiese mia comunicao.n
en lo perteneciente al servicio, tambien escuse, el entregarle mi resp.ta á sus mistas de
Veinte, y ocho de Marzo y dos de Abril del pre-
te año, las q.e hauia hecho animo de quedar-

me con ellas; pero à hora q.º da ocassion velas in=
cluyo, p.ª q.º de su contenido infiera lo antecceden=
te, q.º estan descubiertas sus maximas;
las q.º confirman la press.te ocacion (que ya
tambien se hauia barruntado) con el
hecho tan honrrosso p.ª Vm. como es no
dirixirle Vna carta à su Ex.ª y solo acordar=
se de este sin igual disp.ºn y Jefe en el Reyno,
en Vna Pos Data: cuio hecho igualm.te acre=
ditan los años, y experiencias de Vm. tan de=
cantadas como fallidas, p.r mas q.º compre
henda lo contrario.

No le será facil disculpar=se del hecho de
m.io encuentro, en q.º tambien acreditto sus
años de servicio; q.º no se como no han re=
flexado, q.º viendo Yo ofiz.l de mas grado, teni=
endo ya concluida la mas de mi comicion
a q.º he venido embiado: pues ya en esta ocassi=
on, h.ª mi dictamen hauia rendido; no bien
hauerle acabado de saludar q.do les picó à
su Mula, (con espuela, ò sin ella, q.º esto no
viene al carro) y marcharse Vm. pre=
tende q.º Yo le Yuegue, rompa, ò le detenga,

despues de esta grave impolitica: p.r mas q.e
Vm. quiera atribuhirla à efecto de su enfer
medad; no queda sino en la anterior q.e le es
propia, y mui comun. Hé tenido el honor de
haver ascendido, (no p.r el escalon de simple
Soldado) y de comunicar con ofi.s de distingui
das, è Nurtas clases; y assi aunq.e decortto
alcanze, sè dicernir el trato, de Vnos, y otros:
conq.e no es mucho q.e despues del lanze referi
do, escusase concurrir con Vm. p.a escusar los
peores, enq.e sin duda Vm. seria el perdido.

Tambien me dice, q.e igualm.te q.e No observa
las superioridades. aunq.e nunca en mi trato,
tomare Vm. tiempo p.a decirlo: pues si se
olle, à otros q.e no sea a Vm. lo contrario
se verificara; y p.r mi se decir q.e hé conosido
y conosco, desde q.e lei sus cartas ritadas de
Marzo, y Abril hubieran quedado fuerza
das las q.e le hé conducido, y antes se le di
rixieron p.a el Importante serv.o y misiones
de S.n Fran.co si Yo con mi inutilidad no hu
biera apurado tanto p.r su efecto: quiera
el Cielo q.e esa q.e bolteo la Espalda, no lo difie

xa p.ª mas largo tiempo q.º el g.e me tiene insi
nuado. con el Espantajo de S.ᵗᵒ Diego, q.ᵈᵒ los
Yndios desarmados, ni direccion en ningun
tiempo (aque tanto teme Vm.) estan pidien
do la Paz, q.º la incomparable Piedad mia
Sovcrano, Velar há concedido con menos
instancias à otros, q.e con mas conocim.ᵗᵒ le
han sido Ynfidentes y Apostatas à la Ygle
cia, y Relig.ⁿ vr g.ⁿ se lisongea justam.ᵗᵉ sexù
maior Defensor.

N.ᵗʳᵒ S.ᵒʳ gue a Vm.ᵐ.ˢ.ᵃ. Ynmediacⁿ
del Rio de S.ᵗᵃ Anna, y Maio 3 de 1776.

m. avm vv veg vexn

Juan B.ᵗᵃ de Anza

C-A 368: 18
Report of the livestock and equipment being left by the Expedition at San Diego and San Gabriel; written by an unknown scribe and signed jointly by Juan Bautista de Anza and Fernando de Rivera y Moncada; from the Cowan Collection; included herein as "Anza and Rivera Joint Report."

Relacion delos Caballos, mulas, y sus Aperos; como tambien las
q.º hai exsistentes en el Press.º de S.ⁿ Diego, y mision de S.ⁿ Gabriel pertenecientes à la exspedicion del P.ⁿⁿᵒ de S.ⁿ Fran.ᶜᵒ y al mando del The Corl.ᵈ D.ⁿ Juan B.ᵗᵃ
ta de An.ᵃ q.ⁿ hace entrega de ellos al Cap.ⁿ D.ⁿ Fern.ᵈᵒ de Rivera, y Moncada Com.ᵗᵉ dela Californ.ᵃ septentrional en el dia dela f.ʰᵃ q.ᵉ abaxo se exspresa

N.º 33

Freze Caballos en la mencionda mision
Sinco Bacas con tres crias en la dha
Cuatro Novillos en la dha
Veinte y cinco mulas Aperadas en el Press.º
de S.ⁿ Diego thos Aperos maltratados mas, y me-

nos.
Cuatro dhas de Silla en el mismo q.º Ocupan
los Harrieros.
sinco dhas q.º Ocupan los soldados en el mismo
Cuatro Caballos q.º tienen los Destacados en
el mismo.
Yten otras siete mulas q.º quedan en esta
de S.ⁿ Gabriel.

Dha. mision y Maio primero de mil se-

tecientos setenta, y seis años.

Se Nota p.ᵃ govierno no se incluie enesta vna
mula q.ᵉ esta picada de Vivora, y se ignora
si morira, ó vivira

Juan B.ᵗᵃ de An.ᵃ

En la misma mis.ⁿ y dia. certifico q.ᵉ todo lo
exspresado arriva, es lo q.ᵉ he recibido del The
coronel D.ⁿ Juan Bap.ᵗᵃ de Anza, y mulas y
cavallos q.ᵉ estan en S.ⁿ Diego; los aparejos
se hallan mas y menos maltratados
q.ᵉ conste lo firmo

Fern.ᵈᵒ de Rivera y
Moncada

Nº 33

Reciui del Comᵗᵉ Dⁿ Fernando de Riuera y moncada me
dia famᵉᵍᵃ de Maiz, y media dⁿᵃ de frisol, y pᵃ qᵉ conste donde comben-
ga doi este en la miicion del Sⁿ Gabriel à 2 de Maio de 1776

Juan Bautista de Anza

C-A 368: 19

Copies of letters between Anza and Rivera compiled into one *expediente*, or collection of papers; purchased from Dawson's Bookshop in 1951; included herein as "Rivera No.s 1-8 and 10-12" and Anza No.s 7 and 8." These are all in the hand of an unnamed scribe with the exception of "Anza No.8," which was copied by Rivera, himself. Several of the original Anza letters in C-A 368: 17 are also included here as copies.

y S.ⁿ Diego y Mayo catorce de mil set.^s setenta y seis: En que se copian
los Oficios escritos del theniente Coronel D.ⁿ Juan Bap.^{ta} de Ansa y m^{ios}

Muy S.^{or} m.^{io}: Por todas partes nos circundan las novedades
y cuidados, motivos paraque no haya despachado la Recua
y soldados en que quedamos combenidos, y es el caso: que el
dia 14. del presente en que arrivé à esta Mision, halle en
el la ocurrencia de que la noche anterior se desertó el Sol
dado Yepis de esta Escolta, (à quien tocava estar de Cavalla
da) y tres Arrieros de mi Expedicion, y un siruiente del
sargento de ella: los que para su intento robaron de la
misma Exp.^{on} los efectos que estavan à su cargo, como la
vaca, Piñol, Abalorio, Chocolate, una Escopeta de la Escol
ta, y otras cosas de poca monta de los Soldados mios:
y lo que es mas sensible como veinte y cinco Bestias
de la misma Mision y Escolta

Aunque este suceso se supo à la media noche no
pudo salir el Then.^{te} Moraga hasta otro dia à las diez
quien salió empeñado de seguirlos dos dias con sus noches; pero por su tardanza asta el presente, y por dos
soldados que bolvio de cerca del valle de S.ⁿ Josef infiero
que los seguirà hasta el Rio Colorado, lo que si asi execu
ta, no dudo consiga aprehenderlos, y que tarde dias, p.^{ra}
regresarse: por cuyo motivo y los demas que me exigen
à salir de aqui he resuelto dejarle escolta p.^a que me vaya
alcanzar à la ligera, y arm comunicarle aviso de todo
lo que me ha parecido resolver para que de nada es
te ignorante, y segun ello tome por ay las providencias
que le combengan.

El dia de mañana salgo para Monterrey con los
mas Yndividuos de mi Expedicion dejando en esta doce
soldados con sus fam.^s à cargo del sargento de los cuales añ.^o

214

cuatro con el M.ᶜᵃ á quién también acompañan el Cabo
Carrillo y otro soldado de esta Escolta. De la misma van
con la Thecua López con otros dos: á cuyo numero agre
go cinco de m Crⁿ.ᵖ para que todos conduscan el Atajo de
veinte y cinco Mulas, y cuatro Arrieros q Remito á V.ᵐ
á quién es sobresaliente Josse Ygnacio Mariñas, quién
conduce diez y seis y media Cargas de Guangoche que
son las mismas que de ay se traxeron.

Esta Mision queda Resguardada (por lo presente)
con el Sarg.ᵗᵒ y Cinco Soldados, y á mas de estos tres que de[x]o
para que acompañen al theniente Moraga assi que
se regrese: á cuyo total quedan Comestibles de Maiz y
frijol p.ᵃ veinte y tres dias: cuya especie p.ᵃ el mismo tⁱᵉᵐ̃ᵖᵒ
llevo Yo.

Con el motivo de la seguida q.ᵉ hace el then.ᵉ de los
Desertores nos hemos desaviado todos, y es el q.ᵉ Causa
el no Remitir á V.ᵐ (como havia quedado) algunos Ca
vallos; pero en Consideracion al desavio en q.ᵉ quadro
quedará esta Escolta, tendré presente el bolver los
que sean dables de Monterrey si Moraga me alcan
za con la noticia de que no pudo quitar las robadas
á los Desertores.

En el mencionado Presidio pondré en practica todos los encargues de V.ᵐ contenidos en su
ultima Carta; y p.ᵃ el efecto de las Plazas q.ᵉ se han
de Rehemplazar, llevo yá á dos Sugetos al proposito
y regulando necesite V.ᵐ de proveher alguna otra
ay, ó aquí si no cogen al Desertor, acompaña á la
Yegua un tal Vega, que ya otra ocasion ha tomado

215

partido, y vá à ver si le complace à Vm.

Dejo prevenido al enunciado Moraga dé à Vm noticia de lo que haya practicado en su salida con otras prevenciones proprias del suceso

Sin embargo de que en el no se incluyen ningun Yndividuo de los que vienen à quedarse en estos Estable cimientos, no he querido fiarme de esta firmeza, y por tanto, y no exponernos à peor lance, tengo por combeniente el marchar con lo mas de la Gente, que aunque no ay en ellas apariencias de deserción, sí la ay en su disgusto especialmente por lo que se les ha mino rado la Ración, y el soldado nunca conoce que en muchos Casos esto es indispensable.

El Ganado Bacuno se ha restablecido de modo que puede seguir para arriva à excepción de unas pocas, las que dejo al Sargento p.ª no malograr las Crías

Tambien me ha parecido avisar à Vm q.e el Maíz que ha suministrado el R.P. Paterna as ciende à Cuarenta y nueve fan.s y seis Almudes.

N.tro señor g.e à Vm m.s a.s S.n Gabriel y feb.o 20. de 1776 = B.lm.o de Vm su m.o att.to seg.o serv.or = Juan Bap.ta de Ansa = Señor D.n Fern.do de Riv.ª y Moncada = P. D. = Llevo de aqui al soldado Sotela y dejo otro m.o en su lugar =

Resp.ta { S. D.n Juan Bap.ta de Ansa.

Muy Señor mio estimado y amado amigo: respondo à la apreciable que recivi de Vm fha 20. del pasado en la que me comunica la deserción del soldado Yepis cinco Peones, y su resolución en pasarse para arriva la parte mayor de la Gente, y ganado; haviendo logr.do el Th.e Moraga darles alcance y bolverlos, es solo

216

sensible la perdida de las 9. vestías; de esos Peones digo
al Sargento me despache tres, se los nombró, los otros
dos hará Vm bien en llevarselos, no suceda q.e repitan.

A lo segundo resp.do que fue motivo bastante el que
animó à Vm aunque sobrava el de los viveres, pues
si no se hubiera Vm resuelto, no era posible sufría
el gasto, compelido de la escasez daría ya Ôn se
marchasen, con pocos dias mas que dilate el Barco
se acortará la Racion. Espero que Vm se dedicará
movido de piedad, y como servidor tal del Rey, à
esplicar clara y distintamente al S.or Ex.mo el estado de todo esto de Monterrey, à S.n Diego que lo
ha andado y visto Vm. à quién bien puedo decir
que mi vida desde el 68. que me destinaron para
estas Tierras ha sido Martirio.

Vm. consiguió hacer su primer viaje con
aplauso y aceptación, uno y otro logrará Vm
de este segundo que para mi fuera el de mayor di
ficultad, pero Vm ha savido facilitar ambos, Dios
le remunere sus travajos à Vm, y que por acá le
Dios obtenga los ascensos correspondientes. Los
efectos solos publican la feliz conducta y acierto
del obrar de Vm no necesitan pluma que los en
salce, tampoco conseguirá alguna facilidad en
disminuirlos

Senti no haver correspondido à la confian
za que Vro quando me leyo sus borradores, consis
tio en solo mi cortedad, por el buen estilo en las
obras de Vm, que el mio se estiende puramente

â verdades y terrones. Si encontrare y viere Carta mia no tehera Cosa que no abrasemos y tratamos, ni es mi genio para otra Cosa

En la que vltimamente encontré de vm en Sn Gabriel hace memoria no haverle dado respuesta â la que le mereci me desara al primer viaje, adonde con acierto dirigiria la mia; segundo q ancelar tanto por Conseguir verme con vm, y hallarme la Sola Carta, por la contingencia de unos pocos dias de diferencia en haver llegado yo â este de Sn Diego, el mismo dia que vm se marchó de Sn Gabriel, tiene vm la satisfaccion q no falté â sus encargos; y desi me sentir.

En lo que valga mi pequeñez cuente con vm y gro de buena voluntad que desa acá grandem.te af.o a vm y mandeme librem.e N S. que â vm por m.a ea Sn Diego y Marzo 28 de 1776= B.L.M. Fern.do de Riv.a y Monc. a

Oficio del Then.e Cor.l

Muy Sr mio: El dia 10. del actual llegué con toda felicidad al Presidio de monterrey en diez y siete Jornadas, sin haver tenido mas contratiempo q una corta llubia acaheada en el mismo dia que llegué.

Immediatam.te q lo efectué di la providencia de q al siguiente dia se fuese abarracando mia nueva Tropa y familias; pero como desta providencia, y de es tar entendidos q no pasan tan prontos como desean á su principal, y vltimo destino, se les ha originado gran pesar, y disgusto. Me ha parecido participarselo â vm con el fin de que se les complazca, haciendo al propio tiempo el mejor servicio al Rey, y tambien cumpliendo en la parte que se. pueda los estrechos ordenes, y encargues de

218

S. Exª â fin de tomar posesión del Puerto de Sn Franco,
en lo que yo tambien me regocijaré, y mucho mas
pudiendo decir â m vista á Su Exª queda ya ocupa
do (quando no con toda) con la mayor parte de ella.

Porque esto así se verifique (sin tratar en lo presste
de las Misiones que le deven acompañar) se lo suplico â
Vm en mi nombre, y de la predicha Exp. estando cierto
de que en ello, todos tendremos el consuelo que apetece
mos, en ver en la mayor parte efectuadas las ordenes
de mía Superioridad, pa lo qe ofrezco â Vm (sin embargo
de lo que le consta por mi dicho lo estrechado del tiempo
que me queda para regresarme â Mexico) el que des
pues que me buelva del primer reconocimiento que
boy â hacer del mencionado Puerto â que saldré den
tro de cinco días; bolveré si lo tiene por combeniente
â conducir â su destino mía mencionada Tropa, que
alli deve establecerse: en lo que combiniendo Vm (como
no dudo) no será necesario mi tal influencia: pues el
Zelo y actividad del Theniente Dn Josef Joachin Mo
raga, me consta que está pronto â este y mayores.
intentos: y los Individuos que le han de acompañar
poseen el proprio ardor

Ympuesto Vm de todo lo dicho, como de que mi bu
elta â Monterrey, (no haviendo atrasos de llubias po
dria efectuarse â los veinte días ô poco mas de esta fhª) se
serviría Vm darme para el mismo termino la respu
esta que tenga por combeniente; y siendo la qual le
suplico quitamos â mías Gentes los sinsabores conque

se hallan, temiendo la perdicion de sus hijos, que por ser tan transeuntes no tienen enque ocuparlos: y el vulgar dicho, de que sin la mayor urgencia, no se toma Posesión del Puerto, por lo que tanto ha anelado la incompara ble piedad de ñro Soverano, y Exmo Sor Virrey, quien cuenta por vno de sus mayores Progresos la mencionada posesión.

Ñras Cavallerias han llegado muy razonables aqui, y haciendo ñros Calculos Dn Josef Joachin Moraga y Yo, de que con las Mulas aperadas q. hemos conduzido, habrá las suficientes, para que tambien lo hagan de veres al Puerto de Sn Franco no obstante el atajo que ay quedó; combenimos enque ay las su ficientes

La Expon trae por sí vna Barra, tres Achas, y tantas Palas, con lo que, ó poco mas que se le agregue, tienen lo suficiente para ir comenzando sus Fabricas; y respecto à que siempre será lo mejor que se hagan q.to antes de terrado, me parece decir à vm q. mande la Providencia de que el Carpintero haga vnas Azuelas ó pase à fabricarlas al nuevo Fuerte. Por vltimo. y pa que esto tenga efecto vm. vea si en quanto valgo y puedo, soy de algun vtil. y ocupe mi inutilidad con toda confianza y satisfacción, creheido de que la mayor mia sera dejar (como ya he dicho) puestas en practica las ordenes de mia Superioridad, y desempeñadas las comisiones q. nos han encomendado

N. S. gue à Vm ms as. Mision del Carmelo y Marzo 13 de 1776. Fr Juan Bapta de Anza = P. D. tengo

noticia cierta de que los P.P. Mṽos, destinados à las
misiones de S.ʳ Fran.ᶜᵒ hacen animo de irse en los primͤ
Barcos si de aqui à su arrivo. no se procede al menos
à la vbicacion del fuerte, en lo que me ha parecido
imponer à V.m para que escuse este lance que puede ser
de malas resultas, y no dudo asi lo practiquen unos rͤ
ligiosos que ha tanto tiempo esperan este destino con
ansia=&

Vespuesta { S.ᵒʳ D.ⁿ Juan Bapͭᵃ de Ansa

La segunda { Muy S.ᵒʳ mio: Vespondo à los dos oficios de V.m de 13. y 15 del
de el 15. en { pasado. marzo, celebrando el feliz viaje de V.m con su
Carta { partida hasta ese de Monterrey, y sintiendo como en

verdad lo siento el dolor que le acometio, cuya mejoria
deseo haya seguido hasta la perfecta sanidad, la que
habrá facilitado à V.m avanzar al Puerto de S.ⁿ Fran.ᶜᶜ

remate de su crecida fatiga.

Fuerte asumpto me toca V.m en ambos tan eficaz
apretante que si otros motivos no tubiera savidos,
y diligente
y advertidos en V.m este solo seria suficiente à poner
me en total conocimͭᵒ de la actividad y celo con que
V.m sirve, y executa las ordenes digno todo de alaban
za; pero confieso que haviendome sorprehendido me
atturdio no poco.

Diceme V.m que al siguiente dia principio en
abarracarse la Tropa, lo que les causo pesar, y dis
gusto entendidos no pasan tan prontos à su prin
cipal y ultimo destino: Que ha parecido à V.m pasar
separmelo al fin de que se complazcan, haciendo al
mismo tiempo el mejor servicio al Rey; y tambien
cumpliendo en la parte que se pueda los estrechos
ordenes y encargues de su Ex.ᵃ à fin de tomar posesion

221

del Puerto de Sn Fran. y que en ello tambien se regocijará
Vm mucho. Leo igualmente que es dho bulgar de que sin
la mayor urgencia no se tome posesion del Puerto.

En posdata leo. Que tiene noticia cierta de que los
PP. ministros destinados á las Misiones de Sn Fran. hacen
animo de irse en los primeros Barcos si de aqui á su
arrivo no se procede al menos á la vbicacion del Presente, en lo que ha parecido á Vm imponerme para q.
escuse el lance que puede ser de malas resultas, y que no
duda Vm asi lo practiquen vnos Religiosos q. ha tanto tiempo esperan este destino.

Fixado el dia 31. no estube gente se me puso la Caveza
de manera que perdí el dia en pensar solo en todo su
peso, la propuesta á la fuerza del crecido desconsuelo
en verme sin talentos, conieso ni á quién consultar,
si solo la corta espexiencia, luz, y conocimiento de
vn mal soldado por lo que digo.

Vm antes de haver llegado á la de Sn Gabriel supo por los soldados que adelantó, y bolvieron, y el q.
les acompañó de la Escolta, lo que aconteció á la Mision vecina de este Presidio; con esa sola noticia á luego concivio marchar se desde el Rio de S. Ana endere-
chura á socorrer y reparar esto, derivo su execucion
la segunda que dieron á Vm de que havia pasado Correo y me esperavan, por lo que siguiendo su derrota
á Sn Gabriel, me encontró ya en ella. Ablamos y
haviendo propuesto á Vm que no pudiendo yo retroceder, continuara Vm para arriva si bien le parecia
me respondio que solo á qui, que los dos haviamos de
ir por la razon de que mas ven cuatro ojos que dos,
q. tambien este era Puerto, y no deviendo desar esto
expuesto á la perdicion, si me parecia q. vendriamos

Juntos, admiti sin detencion y con agradecim.{to}, estiman
do tanto laocasión, como cierto, que trahia meditado
pedir socorro de Gente y Cavallos al Governador de Cali
fornias.

Llegamos aquí, vió Vm el estado fatal en que se
hallavan estos pocos Cavallos, sin ser posible salié
ramos nosotros, y como mejor pude, mande fuera
dos ocasiones al sargento.

Despues ablamos enasumpto à irse Vm à S.{n}
Fran.{co} para el menos atraso en los negocios quedan
dose la tropa en S.{n} Gabriel, y que una parte viniese
à acompañarme, de lo que informamos à S. Ex.{a}

Sucedio, que antes delapartida deVm, le llegó Co.
rreo con la dificultad que alli experimentavan en
los viveres, con lo que comenzó à mudar de dictamen
y à inclinarse quepasara la mayor parte de la
Gente, lo que haviéndome Comunicado, combíne en
ello. Pues S.{or} D.{n} Juan, Compañero mio, si aun an
tes de ablar Vm conmigo, juzgó que por el mal estado
de este territorio, era preferible su reparo à laprom
ta providencia del establecimiento del Fuerte deS.{n}
Fran.{co} y despues, unidos y unanímes à ley de buenos
servidores del Rey, lo determinamos considerando
ser lo que mas combenía al servicio de Dios y de
S.M. y conforme à la mente del S.{or} Ex.{mo}, y por consi-
quiente que si nos mando aquello en primer lugar,
fue supuesta lapaz y quietud del País, y no en inteligencia del estado pesymo en que me halla Vm por
la novedad acontecida, así conste por mas plumas.
à S. Ex.{a} Qual pues es la Causa de tan distinto

dictamen y mudanza de Vm en tan pocos dias que
ha que se separó de mî Vm me deʃó en la misma dificultad de los Yndios, igualmente en la que me hallo de
Cavallos, asi continuó; pues si existen las propias
Causas, no encuentro razon combincente para obrar
lo contrario.

Y si pienʃa Vm asi estimulado de la resolución
de los destinados PP. Mtros pª las Misiónes, respondo
qᵉ yo soy responsable de lo que executó Vᵃ y de lo que
hagan los PP, responderan los mismos ô el P. Presidᵗᵉ
ô su Colegio; pero advierto, que haviendo recivido
Carta del P. Presidente en esta Ocasión fha 13. del ci-
rrado Mes, la Clausula suya à estos asumptos trasla-
dada à la letra es en el thenor siguiente.

En orͫ al restablecimiento de esas dos desgraciadas
Misiónes de Sᵗⁿ Diego y San Juan Capⁿᵒ nada digo, sino que espero que Vm hará quanto posible sea para
el bien de esas pobres Almas, y principalmente de
la primera, que por muchas Circunstancias es à toda
preheferible

Como Vm advertirá dho P. Presidente que
en otros tiempos repetidas veces me abló en soͤͥͨͥ-
tud de nueva Fundación, y no la pudo recavar de
mí hasta haver hecho recurso, en la presente leʃos
de ponerme en apuro con instancia, antes bien parece que me exorta à la Continuación y finaliza-
ción de la dificultad que estoy practicando.

Mucho hubiera apreciado, si como Vm me dice
han llegado tan buenas sus Cavallerias, que con
los Correos me hubieʃe mandado el corto socorro
que le pedia, aunque no fueʃe de mas numero que
ocho ô diéz, ayuda me fueran por la grande

necesidad en que me hallo, precisandome, que bolvi
endo de vna salida, se demore dias la que deviera inmi
diatam.te seguir, por el respecto solo de que recuperen
los pocos Cavallos, que de no hacerlo asi estubieran
ya muertos ô Perlaticos. La esperanza de que ven
gan del Loreto es remota pues como digo â vm
dista por lo menos trescientas y cincuenta leguas,
la mayor parte del Camino pedregoso, por lo que si
consigo el que vengan no será posible servirse de
ellos hasta pasado mucho tiempo.

Lo que ha parecido al Theniente D.n Josef Joachin Moraga se halle parte de los Yndios Culpados
del otro lado de la Sierra, respondo â vm. que por lo
menos hasta la presente aqui no se ha conocido eso
de que los Christianos autores de la maldad se hayan
retirado en tanta distancia; y de sartos descuidar
como vm me dice absolutam.te no tiene Cuenta, por
el peligro de nuevos y mayores daños, y que aun â m
me retardaria mi regreso â ese de Monterrey, â
donde me llaman graves Causas de mi Empleo. Doy
gracias por la oferta que vm me hace, q.e en llegando
al Rio les echará encima quinientos ô seiscientos
Yumas, no me atrevo â admitir, antes de tener
para ello superior orden, la que me eximirá de res
ponder â las resultas, como obligado por estar estos
establecim.tos sobre mis endebles Hombros

Con la Recua, que cargada de Bastimento
despaché â S.n Gabriel, y bolvio, pocos dias despues
marchado el Theniente Moraga, escrivieron
el Sargento y Cavo, que se aparecieron en la

225

Mission un Lima y nueve Indios de el Rio, que dijeron caminava distinta partida del otro lado de la Sierra. nada me gustó la noticia, y si me hallara presente los apretara, y solo pudiera haverme detenido, el respecto que agraviados, resultará perjuicio à los dos Religiosos que quedaron solos en el Rio; pero man dara, que ocho hombres los bolvieran camino à su tie rra, y que despues de dos dias, los dexaran ir; ultimam.te me avisa el Cavo, que el P. Garces los encontró viniendo p.a S.n Gabriel pero solos ocho, à donde quedan ô que se ha hecho de los otros dos?

Dicho P. Garces, me ha escrito del sobre dicho S.n Gabriel pidiendome socorro de uno ô dos soldados has ta S.n Luis, algunas Bestias y Bastimento, no pro vehi la peticion (tanto escasea el Maiz que he dado aun se acorte la Racion à los solteros) pero à mi intento le he dicho lo que hace al caso sobre dos ô tres Guias Indios que le acompañan, y que supuesto no dilatará v.m le aguarde y confie ran esos asumptos. Si v.m encuentra à S. M. dele lo que guste del Bastimento que tenga la Escolta. es de notar que si mi atencion repara en esas cortedades de diez, y dos ô tres Guias, que estomago me haran quinientos ô seiscientos Yumas

Critiquen, ô discurran otros, las combeniencias que tales visitas puedan acarrear à estos establecimientos. Yo entretanto, considero que ningunas, mientras los Pueblos no sean otra cosa que unos puros principios sin mas vecin dario que la tropa y pocos Peones sirvientes entre estos po cos tiernos y vacilantes Christianos; y que en el paso del Rio no se establezca un Presidio, à quien igualm.te teman que

226

los Castigue, como â los de acá, si sucediera que comenzaran â robar. Sirvase vm estender su consideracion como practi co, y experimentado en aquellas naciones.

Vm, y Yo, tenemos informado â la superioridad de haver llegado con la tropa, de la novedad, y mal estado de este territorio, no me parece impropio esperar que en todo Mayo venga la Respuesta y ôrs del S. Exmo. si fueren, de que aun asi se establezca el Puerto de S.n Juan, luego sin minima de mora se executará, y si se digna S. Exa. aprovar que eva cuados estos quarteres siga el Fuerte, estamos â Camino y tendremos por acierto nuestro informe en las Rgencia

Acavo de hacer cargo al theniente D.n Fran.co de Ortega, que haviendose huido los Christianos autores, y salido el Sargento con once hombres en su busca, les quisie ron acometer una noche en la Sierra, y se les frustró por la vigilancia en que los hallaron, de que bueltos sin la presa estos, se resolviera el primero â proceder al establecim.to de la de S.n Juan Capistrano; si am me aconteciera nueva novedad, el Caso sería el mismo, con la diferencia que el principio que se havia dado, hera en corcania, y no ha viendo embarazo de mugeres y muchachos, al primer aviso despoblaron y se recogieron â este; Cierto es Amigo mo, que yo mismo luego me hacia acrehedor â un recido baldon, ya soy viejo dispenseme vm que reuse expe rimentarlo; el aguardar las superiores Ordenes en Resul ta de mro Informe, pienso es el remedio eficaz q.e puede libramme.

Soy el mismo Compañero, Amigo y Negro de Vm, me precisa â responder con eficacia por no ser inferior la que vsa vm en sus oficios, y es grave el asumpto, man deme libremente seguro de que es buena mi voluntad.

N. S. que â vm m.e a. S.n Diego y Abril 2 de 1776.

= Fernando de Rivera y Moncada = P. D. - se me paso decir
vna palabra al disgusto de la tropa. Esos hombres si por Sold.s
de los Presidios (los diez que han venido) estrañan la demo
ra pareceme no tienen razon, por instruidos y exercita
dos en darse auxilio de vn Presidio â otro en los Casos que
Creo se ofrecerán no tan de tarde en tarde por aquellas
Provincias. tampoco la tienen los que por Reclutados vi
nieron, pues por vecinos deven haver visto y saver, que
conforme las necesidades, salen Partidas Reclutadas de
toda la Governacion, sin escaparse aun el M.º del Rosario,
Como pues soy tan desgraciado que encontrandome en
necesidad precisa, se disgusten de suspenderse vn tanto
y ayudarme los que vienen con obligacion de asistir
y servir en la pacificacion de estos espaciosos terrenos
pues si bien su destino tiene por objeto el Puerto de S.n
Fran.co, si sucediere que puestos ya en el experimenten
novedad, con precision se les ha de auxiliar de estos otros
Presidios.

Carta al Ill.e
Coro.l
S.or D.n Juan Bap.ta de Anza.

Muy S.or mio: senti mucho que nuestro encuentro fuese
andando y en el estado que ami me Cupo pues ámas
del dolor del Muslo, en la actualidad llegó â parecerme
no me faltava mi punta de Calentura, y de no haver
sido asi dudo de mi execucion en haver pasado para
aca ô retroceder en Compañia de Vm. p.a S. Gabriel: pe
ro haviendo llegado â este el dia 1S del Corriente el mis
mo en q.º nos ablamos, reduciendome â la cama con
tres vnturas que me han aplicado de cierta Yerva
he logrado mejoria, por eso y por la Cortedad del ti
empo oy antes del medio dia me he puesto empie
con la esperanza de que se destierre el dolor, y el 19 al

presente, ponerme en camino siguiendo las huellas de Vm
Espero merecerle que pues tratamos asumptos tan impor
tantes y propios de nuestro exercicio, que si no tengo la co
yuntura de alcanzarle andando, se dará una migaja de
tiempo à esperarme, seguro de que no le haré mucha
mala obra, pues caso que por el camino me cargue el do
lor, y me impida el seguirlo, con correo daré devido aviso
à Vm en S.n Gabriel es donde pido si es posible se sirva Vm
que nos veamos.

Celebraré que en su caminata no haya experi
mentado Vm. novedad en su salud. ofreciendo muy à
su disposición la tal cual conque me hallo ínter ruego à
N. S. que à Vm m.a. Monterrey y Abril 17. de 1776 =
Fern.do de Riv.a y Moncada =

Oficio del M.e
Coronel

M.uy S.r mio: en contestación de la de Vm de 17. del presente
digo: que aunque me reconozco libre de toda responsa
vilidad, para no contestar à Vm por el pasage acahe
cido el dia de nuestro encuentro no obstante, y en obsequio
del R.l Servicio, me sacrificaré à ello, y en inteligencia
de mi condescendencia, combengo en contestar con Vm
solam.te por escrito en los asumptos que unicamente
cohinciden al establecimiento del P.to de S. Fran.co

Mañana en la tarde salgo p.a la Mision de
S.n Gabriel, en donde se verificará lo que ofrecí à
Vm, pero si conduciere al R.l Servicio me lo comu
nicará para detenerme

Tengo respondido à las Cartas de Vm de
28. de marzo, y 2. de Abril del presente año, q.e le entre
garé en tiempo oportuno, y en ocasión que por

229

su asumpto no se interrumpa el Rl. servicio y contestación, à que combengo en obsequio del.

N.ro S.r que à Vm m.s a.s Mision de S.n Luis y Abril 21 de 1776.= Juan Bapta de Ansa.=

Respuesta {

S.or D.n Juan Bapta de Ansa

Muy S.r mio: à la oracion de la noche llegaron los tres soldados y me entregò Espinosa el oficio de Vm de ayer 21 del presente à la ora d.ha no me fue facil ponerme à escrivir sin abrigo de tienda; el tiempo blando y la mano que aun contra mi voluntad se bulle, detube à los Soldados p.a con el dia hacerlo como lo executo.

Vm ha estrañado el pasage acahecido el dia de n.ro encuentro, y eso atribuyo serà que no ablara à Vm sobre los negocios mismos que me hicieron venir de S.n Diego, no esta Vm pues informado del estado en q.e yo hiva.

El Savado de Gloria haviendome acostado bueno en la Mision vieja de S.n Gabriel, al cuarto de texcera tube la desgracia en recordar cudo de condolor en el muslo derecho, de suerte que por estar con la sola cubierta del cielo, aquella misma hora me puse empie y por falta de toda medicina arrimado al fuego me dieron friegas, desde alli vine malo repitiendo esta diligencia de noche, y si era necesario tambien por la mañana.

El mismo dia que sali de esa Mision me cargò de tal manera, que à la noche dige en el pasage que si asi me hubiera hallado en la Mision no habria marchado; pero que veria en S.n Antonio; serian las cinco de la tarde quando me encontrò el

sargento Gongora, ya con la noche llegué al vltimo pa
jo del Arroyo de S.n Antonio, sin pedir remedio pensando
no havía ninguno, viendome como estava yandava
se presentó vno de los q.e acompañavan al sargento y me
dijo huia à curarme, con las nebliñas de esta tierra, y
sin Cubierta me rendí à que me diera vna vntura de
Chuchupate frito en sevo, infiera v.m qual me hallaría
pues me sacrifiqué en aquel desabrigo.

Omití llegar à S.n Antonio porque en el dia q.e me
correspondía entrar, me dijo el soldado Pasqual, que
salía v.m de Monterrey, y con la esperanza en que qui
zas por alguna contingencia no se hubiese efectuado, se
qui apurando de manera, que llegué à la soledad como
à las nueve, ò diez de la noche penetrado de frio, y del dolor tan adelante, que ese soldado Alexandro de Soto me
parece cogio la pierna, y con esa ayuda pude vajarme
de la vestia; haviendo amanecido cercano à la lum
bre me cahi de espaldas, el mismo me ayudó à levantar,
y temiendo blandear al tiempo de montar, previne
estubiera otro, inmediato à mí, y el mismo bien echor
me ayudó de la pierna, quando la Mula metiá la
mano en vn tusero, ò que faltieava de atras, solía dar
el grito, y vn rato caminava estacado, me acalenturé
à mas del muslo me atormentava la Caveza.

En ese estado encontré à v.m, y ay tiene à dicho soto, y otros soldados, si gusta puede informarse. Hallan
dome tal, y haverme separado de s.n Diego con sola es
peranza de encontrar à v.m en Monterrey, que tra
taramos y asentaramos las Cosas, viendome con v.m
en el Camino, y mi diligencia frustrada, el como me,

quedé, meta Vm. la mano en supecho y considereme.

Con la fuerza del Sol llegué al toxo con un leve alivio y apenas comí seguí pa Monterrey, temiendo se puñera la neblina, que observé me reventava, llegué entre 5. y seis de la tarde, así que oscureció me eché à la Cama, me aplicaron una untura de dha Yerva, el día siguiente Martes 16. 2ª y por la tarde 3ª. El 17. antes de Comer me puse en pie, y el 18. à las 6. de la tarde marché para acá.

Mi primera intención, fue despachar Correo à Vm y al Concluirse la Carta, oy una especie, que me obligó à ponerme en Camino, con animo de informarme de Vm. y dar los pasos conducentes. Pero estando ya Vm. tan adelantado, reputo por lugar mas al proposito la de Sn Gabriel, estaré mas pronto à lo que puede ocurrir de Sn Diego, y que si viene el Barco pienso en embarcar los presos mas gravemente culpados, y una providencia que he de dar alli, para lo qual necesito paren los 4 Soldados que acompañaron al R. P. Fr. Pedro, y porque no puñera su dilacion en Cuidado al then, ya queda avisado, si Vm gusta que le acompañen hasta otra Mision dispongalo y deles la orden.

Aun fuera de lo que es oficio deseava ablar varias cosas con Vm pa mi inteligencia y algun consuelo, de todo me privaré antes de faltar à lo que ya Vm me previene, y procuraré darle gusto en quanto responda, mandeme.

N. S. gue à Vm mª à Portezuelo y Abril 22 de 1776 &c Fernando de Riva y Moncada = P. D. = En Sn Gabriel

daré la devida respuesta à la que me entregó Gongora Sr Dn Juan Baptta de Anza

Muy Sr mio tengo dado respuesta al de Vm de 23 del prox.

en fha 22. del mismo en el que ofreci tratar en esta Mission
del Negocio importante que me obligo â separar de S.ⁿ Diego
y emprehendiendo viage â Monterrey, y dar devida
respuesta â la que de Vm me entrego el Sargento fha 12
de dho.

He escrito â Vm fue mi primera intencion des-
pacharle correo, y que al concluir la Carta oy una especie que me obligo â poner en Camino, y aunque por
entonces no la tube por cierta; sin embargo, siendo
de tal naturaleza hizo en mi la impresion y efecto
que se merece, y es que vino en Carta al The.^{te} D.ⁿ Josef Fran.^{co}
Ortega (y entendi que de arriba y en el mismo Correo)
la noticia, que el S.^r Exmo se hallava con un Pliego cerrado
del Rey, y aun que no se abra hta haverse verificado.
el establecimiento de S.ⁿ Fran.^{co}, esta es la especie que
me puso en Camino, cierto de que encontraria â Vm   de gracia
en el Carmelo ô Monterrey, y haviendo padecido en
encontrar â Vm Caminando, y yo enfermo pase sin
ablar de este asumpto.

Dejo dicho que no la crehi, y me asistieron varios
motivos. 1.° que de Mexico no tube ni una noticia
2.° que ni aqui, en el Camino, ô S.ⁿ Diego no oy â Vm
la noticia, 3.° el haver hido al Th.^{te} y no â mi, siendo
me parece, â quien deviera haverse dirigido, pero aun
con motivos tan fuertes, me hizo marchar el grave
peso de la noticia; â la que doy ya otro lugar por ha
verla ordo igualmente en Monterrey, y atribuyo
solo â mi corta fortuna que llegase â mi por los rodeos
dichos, y de otra suerte, seguro era que no me hubie
ra determinado, aun con la necesidad manifiesta

233

à que se difiriera el establecimiento del Fuerte, y se hecho
aun no estando concluida la pacificación de los Yndios
de S.n Diego, desde Monterrey me resolví à que el Th.te D.n
Josef Joachin Moraga, con el sargente Grijalva, veinte
Soldados, los Pobladores, y los cinco Mozos Desertores se
pase al Puerto de S.n Fran.co De dos Mozos Desertores escri
vi se los llevase v.m recelando repitiéran, he propuesto
la dificultad al Th.te no la tiene de su parte, y porque su
pongo conocim.to esta allanado de la m.ma quiero en
horabuena.

Quando marche de S.n Diego me hallava ocupado
la necesidad me hecho fuera, no puedo en estado de que
me pueda retirar, faltavan que aprescar algunos Christi
anos de los antiguos, entre esos el perverso Fran.co
y de los Complices no se havían vasado otros que los
de S.n Luis; necesito hombres p.a Campaña, y guardar
once presos, no ay Carcel y varios son principales de
Rancherias, fundandose el Fuerte se suspenden las
Misiones, por la razon que para que se retire el Th.te
de Monterrey es necesario dese allí ocho Soldados de
los que pertenecen à S.n Fran.co por tener yo p.a acá
quince de aquel Presidio.

Esta es la providencia que tengo escrito à v.m
se me ofrecía dar desde esta Misión: pero mere
cer me diga v.m su parecer ya que la buena suerte
le tiene aquí, aprovecharé la ocasion siendo lo que
mas padezco en estos retiros, la carencia ó sugetos
experimentados con quienes conferir las dificulta
des, pension no poca para quien sirve, y con acu
erto desea satisfacer su obligación. Celebro la felicid.

conque Vm va finalizando su Expedición. N.V. que a vm pe mè a S. Gabriel y Abril 29 de 1776 & Serm.mo de Riu.a y Moncada =

Sor Dn Juan Bapta Sdisma

Muy Sr mio: En Monterrey me dió un Soldado un papel, sin leherlo lo eché en la bolsa, despues en el Camino lo ví, y hallé que era Rotulado à Vm, tiene varias firmas, quizas havrá tenido noticia Vm del, cierto es que no le acompaño presentacion que se determinara à vm y que se encamina à pedir el Cumplimiento del num. de Bestias que se les prometio, proponen que si no alcanzan las Cavallares, que ay Mulares.

En todo eso Vm sabrá lo que ay, y creo habrá dispuesto con arreglo à sus instrucciones; no obstante à la despedida proponré à Vm lo que se me ofrece, atento à estas Gentes. 1o si fuera posible que se les acabalen las vestias, no quiero decir que si a uno le falta un Cavallo se le dé una Mula, sino que por ese que le faltava, y otro que dese, se le diese una Mula, 2o han venido comiendo Carne hasta aquí, sucede que Vm ha entregado Ganado, lo estan viendo, y faltandoles la Racion de Carne no es facil cesen de importunar pidiendola. Supuesto que ese Ganado ha sido mandado, y destinado para fomento del Pueble de Sn Fran.co, y que actualmente se hallan dotadas de Ganado 3 Misiones por fundar Sn Fran.co, Sn Buenav.a y Sa Clara; Pregunto à Vm de que sentir es, si se separan 25 vacas pa el aumento y providencias que en lo venidero se ofrezca dar à la superioridad, no se les pudiera repartir à los Casados de Sn Fran.co à cada uno una Res embra, y un Novillo ô toro, se les tapara la voca para que no pidieran

ración de Carne, y se logxava que cuando fuesen teni
endo sus bienecitos, se entiende davamos cuenta.

Texcero si conita en las instruccionies de Vm por
que en las mías no se halla, la regla que se deva observar
por lo tocante à sus pagas

Le puedo asegurar que es dificultad, distante el re
cuxso, Dios quiexa vengan suficientes provisiones, y
de lo Contraxio traxasos se me previenen. à todo con
teste me &ta Sn Gabriel y Abril 29. de 1776 ₷ Fern.do
de Rivª y Moncada =

Oficio al Ms
Coronel

Sor Dn Juan Baptta de Anza

Muy Sor Rmo: se me ha manifestado vm sentido, siendo
se retixe vm de la misma manexa, si consiste, y pue
de ser remedio la satisfacción sirvase vm decixme q.
deva dar; con atención à la de vm ha venido el Saxgto.

Sobre vaxios asumptos tengo que escrivir dando
cuenta al Sor Exmo, sin que le sirva de molestia estima
ré à vm me diga si tendré tiempo, ô el día de su max
cha para ceñixme à lo mas precixo.

· Vm disponga sobre lo que me escrivio de dar la
Plaza à Galindo, y que se regrese el Yexno del Saxgto.
à quien le cavia haver venido.

De esta Misión corrución borrasca 3. ô cua
tro Bestias quando se dexentaxon el soldado y
mozos, el P. recurrió à m, y yo porque ignoro q.
sea la practica pido à vm me diga si se pueden
pagar &ta Sr Gabriel y Abril 29 de 1776 ₷ Fern.do
de Rivª y Moncada =

Resp.ta del Ms
Coronel.

Sor Dn Fern.do de Rivª y Moncada

Muy Sor Rmo: En contestación al Oficio de vm de la
fha de este dia, digo: que la noticia que vm me

indica participada al Teniente D.n Juan.co Ortega no
carece de fundamento, pues en combersaciones priuadas
la produge yo diciendo que del proprio modo se me refirió
en Mexico pero no por S. Exc.a ni otro Gefe de lo que man
dari; y asi le puede v.m dar el credito que juzgue: pues de
haver sido de oficio no se me habria pasado el Comunicarsela à v.m.

Al segundo de su citada digo que celebro ante todo
el que se verifique (como me insinua) el establecim.to del
Puerto de S.n Fran.co pues me lisongea no poco el conducir
esta noticia tan apreciable p.a S. Exc.a en cuyo concepto
me havia ofrecido à contribuir por mi parte à sus
principios, y por lo mismo combengo gustoso en que
queden para su fabrica los Leones que v.m me proponia regresase.

Al tercero, y al Cuarto de la misma citada, en el
supuesto de las Causales que v.m me expone para no
proceder al establecim.to de las Misiones que deven
vbicarse à las inmediaciones del enunciado Fuerte,
combengo por mi parte en el proprio pensamiento
de v.m pues creyendo no se retarde su efecto dilatado tiempo, que apruebe esta suspension S. Exc.a quan
do mire por otro lado, se ha dado principio à lo
mas esencial de sus superiores ordenes.

A las otras dos adjuntas de v.m responderé por
separado y aqui solo añadiré, que daré espera p.a
lo que à v.m se le ofrezca escriuir à S. Exc.a oy, mañana, y pasado mañana, que es quanto puedo esforzarme por solo d.ho fin, lo que para el proprio le

seruiría a vm de Govierno

N. S. que a vm m. a. s.n Gabriel y Abril 29. de 1776.

Resp.ta del M.e {Juan Bapt.a de Anza
Coronel - {S.or org.nte Ten.te de Mis.a y Moncada.

Muy S.or mío: en contestaçión de la tercera de vm de fha.
del dia digo: que a mi propartida de Monterrey me presentó el soldado Athan.o Vazquez el Papel que vm me insinúa: y haviéndole visto solo las firmas le dige: que si
no me encontrara en el estado en que me hallava, le
pondría a el, y a todos los que le acompañavan a firmar en un Castigo correspondiente: pues no ignora
q.e tal petiçión, hera contra ordenanza y fuera de su
regular Conducto; por lo que y haverla repetido a vm
le estimaré no se quede sin el merecido Castigo; respecto
a que ni el; ni todos los que vienen ignoran la Ordenanza: pues se las ley é impuse en ella aun antes de
entrar al servicio. Como que a proporçión de las Ca-
vallerías que han llegado aquí, les he hecho el Reparto
sin ningun agravio, y que si no tienen Cumplido
el numero q.e se les ofreció por la superioridad, no ha
sido porque se les haya querido faltar a dha pro-
mesa: pues para el fin compré las suficientes: en
servicio de todos se han perdido conque no tienen
razon p.a pedir mas.

Dejé a todos los reclutas en Monterrey a dos
Cavallos, y una Mula; porque me aseguró el Th.e
Moraga q.e con los que havía dejado aquí, alcan-
zaría asi, a todos, y les concedí las que havía usado

238

cada qual: y lo mismo havia hecho ánimo de practicar aquí, y despues de executado esto que se les diese una
Mula de mas: quedando las sobrantes, â veneficio de
los propios, ô del Establecim.to del Fuerte, en Caso de no
tener un mayor necesidad â que atender, que es lo proprio que ahora digo â vm, y con lo que satisfago igual.te
al primer punto del segundo Capitulo de la de vm.

En quanto â la propuesta que vm me hace p.a el
Reparto del Ganado, combengo en todo con lo mismo
que vm me insinua no dudando lo apruebe S. Ex.a en
vista del parte que sobre ello le demos.

A la pregunta que me hace vm en su tercer
Capitulo respondo, que en mis ordenes é instrucciones
no se me dan mas reglas en quanto â la paga de esta Tropa, que es decirseme (crehere lo proprio q. â vm)
esto es, que el th.te ha de gozar setecientos pesos anuales
el Sargento cuatrocientos y cincuenta, y un peso diario p.a cada Soldado: a cuyo efecto, y al de la anticipa
ción de tres meses de paga que les tengo verificadas,
y aun para mas tiempo, se me entregó en especie
de dinero, que es quanto puedo decir â vm sobre el
particular.

El quarto y ultimo de su misma citada me impone del Cuidado que le asiste p.a la existencia de estos
establecimientos si no vienen provisiones suficientes;
pero me hago el Cargo que no desatenderá este propio asumpto la magnanimidad de S. Ex.a â quien

à mi vista no se lo dexaré de significar, por si acecieren alguna fatalidad: en cuyo lance (aunque considerablem.te distante) se puede hacer algun recurso al Rio Colorado donde de Mayo, à Julio abunda en estremo el trigo, y de sept.e a Oct.e el Maiz y frijol, lo que produxe aun por parecerme estar mas proximo que la antigua California, donde otra vez creo se recurrio en tal urgencia.

N.S. que a vm m.a à S.n Gabriel y Abril 29. de 1776.

Juan Bapt.a de Anza =

Resp.ta del Th.e Coronel

S.or D.n Fern.do de Rivera y Moncada

Muy S.or mio: En respuesta de vna de las de vm de Ayer, digo à su primer Capitulo, que si me he manifestado sentido, ha sido desde el mismo punto en que quando se verificó n.ro encuentro, y que apenas havia acavado de articular las primeras palabras de urvanidad, y buena criança, picó vm a su Cavalleria, y se marchó sin darme tiempo mas de parte lo q.e le pedi en aquella ocasion.

Si di, yo alguna p.a este tratam.to en que soy el menos paciente, y si el servicio del Rey, y otros del Ex.mo S.or Virrey, este mismo Señor impuesto de lo anterior hará dar la satisfaccion correspondiente que es con lo que yo me contento; pues ninguna otra Regulo sea suficiente, y entre tanto esto se verifica, servira a vm de Govierno q.e lo dicho no impide à que dexe yo de contribuir en quanto alcance y pueda en todo lo que sea del R.l servicio y el de vm particular, crehido de que en vno y otro me sacri

240

ficaré muy gustoso.

Al segundo Capº tengo contestado anteriorm.te pr
lo que lo omito hacer en esta.

El tercero de la citada de vm. me hace el favor de
lo que le tenia pedido por el Soldado Gallegos: a cuya fineza quedo reconocido, y con el mayor agradecim.to
como tambien por lo perteneciente al Sarg.to Gorgo
ra, por todo lo qual doy a vm las devidas gracias.

En contestacion al Cuarto y ultimo tiepº: que
en el mismo Caso de Robo, y desercion que contu-
maron aqui, Soldado y Arrieros, siempre he visto
que de los Sueldos de tales Gentes se satisfaga lo primero, en cuya atencion vm dispondrá lo que tenga
por mas Combeniente.

N. S. que a vm mª a S.n Gabriel y Abril 29
DE 1776= Fr Juan Bapt.ta de Anza=

Oficio del Th.
Coronel

Sr D.n Fern.do de Rivª y Moncada

Muy S.r mio: Para mayor inteligencia de vm, sobre lo que
tiene visto en el Puerto de S.n Fran.cc como pª lo que pueda
importar â las noticias que sobre ello dé â S. Ca. con presencia del dictamen que sobre el proprio particular tengo exivido â vm: le incluyo el adjunto Plan, levantado
en dho Puerto, que visto se servirá devolvermelo.

No tiene las notas q. le corresponden, pero servirá a vm de govierno, que los puntos seguidos indican el viage que yo hice â su Reconocim.to cuyas Jornadas estan señaladas por el Orn del Alfaveto. Donde
está la F.l y una Crucecita es lo mas estrecho del P.te
y el Sitio que por mi parte señalo para la Ubicacion

del Fuerte. Donde está vña Crucecita immediata à laqua
zión, y â la izquierda; es el adonde Vm coloco la suya de la
enumpciada mía: para lo interior del Pto es donde existen
las Aguas, Leña, y Pastos q^e refiero à Vm en mⁱ dictamen.

De la letra T̂ â L es el deremboque del Río de Sⁿ Fran^{co}
aunque p^a mⁱ, y lo que vi, no está el Río, sino Laguna que
se origina de las Aguas de los Tulares, y de vna Sierra Ne
vada (en extremo) que está Opuesta â los dichos.

Ntro S^{or} q^e â Vm m^s a^s Misión de Sⁿ Gabriel y
Abril 30. de 1776 = B^{ta} Juan Bapt^{ta} de Ansa =

S^{or} Dⁿ Juan Bapt^{ta} Ansa

Muy S^{or} m^o: he recivido A de Vm de 29. y 30. del proximo pa
rado, despues de haver celebrado haya venido Vm con buena
salud, estimo muy mucho la exp. que Vm me hace para
escrivir â S Exª. me revuaré quanto posible me sea.

Sobre lo tratado en asumpto â Sⁿ Fran^{co} no ay
mas de lo dicho. en Sⁿ Diego estan cinco pertenecientes
aquel Puerto, iré y los despacharé, con aun al Sargento de
que se retiren â Monterrey, y â Moraga la Correspond^c
p^a que pasen â Sⁿ Fran^{co}. en la forma mi^ma que ya co-
muniqué à Vm.

Estimo me Comunicara Vm el Plan, que buelvo con
crecido agradecimiento. Estimo igualmente la noticia
de parajes, â lo que digo â Vm. que ninguno he visto yo; y
supuesto es vno el mismo servicio en qualquiera de los.
dos Parajes me parece, que atendida la mayor Confianza
que se concive en la permanencia de la Agua del vno
mas crecido y abundante bosque, la comodidad para
lus Huertos de la Gente que lo vá apoblar; y que
devemos considerar que si ahora no es tan crecido el

242

número, que se hiva aumentando y será lugar, y la dificultad en trasladarse, una vez ya establecido, parece también circunstancia que se merece atención el que este abrigado del casi continuo viento que reina en esta Costa, lo que conduce á la salud, y comodidad todo advirtiendoselo á Moraga, me parece acertado dejar á su elección del sargento y pocos soldados que se juzguen de mas reflexion que se establezcan en el mas comodo y oportuno: lo qual creheré es de la aprobacion de Vm.

No tengo tiempo pª nada, la prov.ª que le parezca á Vm se deve poner en quanto al repartim.to de Ganado en original, ó borrador, si gusta Vm. tomarla á su cuidado se lo agradeceré; y si se ofrece otra cosa que hacer aquí disponga Vm. de xo otro no tengo tiempo

Me admira Señor Dn Juan el grande sentim.to de Vm si faltá en algo aquí se pudiera haver compuesto y libre de eso, hablar Vm á S. Cª en tan varios asumptos como se le ofrecieran, porque creo no habría quí en con gusto oiga referir discordias, con un enfermo se dispensa, y se que en mi viaje á Vm busqué lo he mostrado, no estando en Monterrey mas del preciso tiempo en que sané del dolor, haita que Vm se retire crehere lo executo sin que nos ablemos.

Se han valido de mi á fin de que suplique á Vm que en llegando al Presidio de Tubac se sirva apuntarle la Plaza al Soldado Pasqual Bailon Riv.ª como me lo piden se lo suplico á Vm y espero condescenderá no mediando incombeniente.

Mandeme si valgo en algo seguro en que le

243

serviré con buena voluntad, con la que ruego â nuestro
señor que âvm m.ª â. S.n Gabriel y Mayo 5.º de 1776= Fran.co
Antonio y Moncada=

Muy S.r mío: Acavo de Recivir el Oficio de vm en que
se sirve Confirmarme la Resolución del establecimiento
del Puerto de S.n Fran.co sobre cuyo particular, y lo que
contiene el tercer Capítulo, me ha parecido expresar
â vm en esta, que conozco no ha de ser de tanto agrado
p.ª S. Cr.ª la Ubicación del mencionado Fuerte, donde
vm me insinúa como en el que queda señalado con
la Cruz que tengo indicada âvm: pues de este modo
se verifica el total predominio, vm que padezca la
nota, que el de S.n Diego y otros: por cuya razon soy
de sentir, que esto es preferente, â las demas comodida
des que se apetecen p.ª la Tropa: pues es claro que me
nos malo es que tengan sus siembras y otras propor
ciones, algo distante, que el que por disfrutarlas, seque
de sín resguardo la boca del Puerto en donde no les falta
la abundancia de Leña y precisa Agua p.ª su ma
nutención, en cuya sola vltima falta, se puede re
currir al otro sitio, que tambien no estando en
el, el Fuerte se puede aprovechar para el establecim.to
vna de las Misiones; con lo que en la mayor parte se
logra poner en practica las prudentes resoluciones de
nuestra Superioridad, sin que por esto se fuerce el q.e la tropa
que se establezca en el Fuerte dexe de tener en que hacer
algunos Huertecillos, pues para el efecto ay vna Lagu
na intermedia entre el Fuerte y Mision, que atajand.

su corriente, en tiempo opportuno, se recogerá Agua suficiente pa mayores intentos.

Lo dho es unicamte exponer a vm mi sentir, para livertarme de toda nota, enquanto a este establecimto sobre lo que vm dispondrá lo que le parezca por si solo.

Tambien me parece decir a vm que el mencionado establecimte no se deve conferir con los Soldados quienes por lo regular prefieren su interes y comodidad al servicio: y por lo tanto tales asumptos, se comprehenden a sus Oficiales; y haviendo de estos a los anteriores inmensa distancia, es hacernos poco favor en consultar con ellos, asumptos en que no deven intervenir: y si ay ordenanza que previene „que quando „vn Oficial que manda consulta a los de su Clase, lo „que el deve disponer, es señal de que con la variedad „de pareceres, quiere embrollarlo, pa no hacer cosa „de provecho, „, que se dirá en igual caso consultado con los simples soldados.

Sobre el cuarto Capitulo digo a vm que el reparto del Ganado supuesto tiem/tiempo se puede rexar pa el: pues como tengo dicho en mi anterior en este asumpto, soy conforme en que à cada Soldado, y Poblador, se le de vna Res hembra, vn Novil lo que le pueda servir de Buey, y pa todos, los toros que se regulen necesarios: de cuyo modo se les da le ser provechosas y se procreo, con lo que se escusan sentimientos.

Al quinto satisfago con decir que la referencia (que vm supone se oiga con disgusto) en nada per

buscará á los asumptos de que yo tenga el honor de
informar à S. Exª. y que conozca combienen pª el bien
de estos Establecimtos, en cuya inteligencia estimaré
à vm no se buelva à mencionar esta especie.

Al sexto y ultimo digo, que bien sabrá vm q.
desde la nueva Ordenanza de Presidios carecemos
todos los Capitanes dellos de la facultad de Licenciar
à ningun Soldado: lo que esta reservado unicamte.
al Inspector Comte. con quien ofrezco à vm interesar
sarme por la que solicita pª Pasqual Bailon Priva.

N. S. que à vm mˢ aˢ Misión de Sn Gabriel
y Mayo 1º de 1776 = B.L.M. de vm su atto Servor
Juan Baptista. De Ansa = Sor
Dn Fernando de Rivª y Moncada =

Oficio al Th.e
Coronel {
Sor Dn Juan Baptª de Ansa

Muy Sor mío: Si no es igual el servicio q. se hace
en uno que en el otro parage, no desconfiando de
la permanencia de la agua, no haviendolos yo
visto, à vm proponia las razones que los vió, y
esperava fuesse de su aprovacion no lo es, tampo
co yo quiero sin conocimiento de los parages
disponer, porque iría muy expuesto à errar,
sea en buena hora à donde vm diçe, no me enti
endo por ocupado con precisión à causa de que se
me acava el tiempo

Estoy muy pª servir à vm à quien pido à N. S. gue
por mˢ aˢ. Sn Gabriel y Mayo 1º de 1776 = B.L.M. de
vm su atto Servor

Rexpta del
Th.e Coronel {
Rivª y Moncada =
Sor Dn Juan Bap.ta de Rivª y Moncada

Muy Sor mío: El oficio de vm de fha de ayer que

246

me dirigió à las diez de la noche; me dexa contento à satis
facción por contenirse con mi dictamen sobre el esta
blecim.to del Puerto de S.n Fran.co de cuyo modo conozco
que la daremos à S.E. pues no ay duda que verifican
dose así queda asegurado enteramente: pues à fusila
zos se puede defender, y observar con tiempo à qualqui
er Embarcación que se quiera introducir: lo que no
se conseguía de lo contrario, atento a que en la fuente
ò ojo de agua de los Dolores, está retirado (como dige
en mi primer Dictamen) dos leguas de la Boca, y
está tán oculta q. hasta estar dentro del Puerto la
Embarcación, no se observaría su entrada, ni me
nos su venida à el.

Al pié del Cantil blanco donde puse la Cruz,
Juzgo que en Pozos poco ondos, no puede faltar abun
dancia de Agua buena en la mayor seca. A me
nos de vn cuarto de Legua al Sur, y donde yo es
tube acampado, está otra buena Laguna de la q.
salía vn Buey, y esta corriente, ò nó, me dijo el
Cavo Robles vió aunque largo en la seca pasada
al Sueste. Y á como vna Legua está otra que tam
bién corre, y es la que tengo dho. à mi se puede
atajar con muy poco travajo, y con solo tierra
p.a que sirva à los ganados, y para hacer algunas
Huertas. A mas della ay otras dos intermedias à
la própia, y al Sueste: como también otros Vene
ritos; vien que acaso no sean permanentes.

En tales Circunstancias, y la de que no juzgo

que falte como hecho la agua precisa al Puente hera
sensible, y notable no se establecise donde consiga el
fin pª lo que es creado, y resuelto à expensas de tantos
gastos: en cuyas graves è importantes consideraciones
y por conseguir tan altas ventajas, se pueden tolerar
algunas leves faltas: pues la esencial de la manuten
ción precisa pª la Tropa, la cuenta está segura don
de quiera que el Rey la destine

Para mayor seguridad de todo lo indicado
me parece será conducente el que quanto antes
dirija Vm Orn al Thte. Moraga pª que del propio
modo, pase à Vetancur (por primª providencia del
establecimto) las Aguas referidas: pues no dudo q.
yendo pronto lo consiga, y con ello se liverte del cui
dado que lo contrario puede causar, y tal vez
frustrar este intento tan interesante al servi
cio del Rey, y seguridad â sus Dominios

Ntro Sor que à Vm mª â. Sn Gabriel y Mayo
2 de 1776= Bta Juan Baptª. de Ansa=

Sor Dn Juan Bapta. de Ansa=

O. dijo al
Thte Coronel

Muy Sor mío: Vm se llava dispensarme, cerrando
ya mis cartas pª mandarselas à Vm, al querer co
ser la diligª de Sn Diego que se practicó sobre el
Yndio refugiado, me ha faltado el Pliego numero
1.º que es mi presentación en que lo pedi; por mas
diligª que he hecho no he podido encontrarlo, pª
que Vm no se detenga, me precisa pasarle este
aviso, considereme como quedaré despues de tan
to travajar, y lo mucho que necesito de que fuesen

248

otros papeles, save Dios lo que de mi quiere) Las Cartas no pueden ir hacían relación à la diligencia.

Por no echar mas fuego, esperando ablaremos no contesté à lo que vm me dice en uno delos tres oficios de 29. de Abril proximo pasado, pero experimentando no fue posible conseguirlo, digo, que de llegada el día de nro encuentro nos saludamos, saludé en el modo que pude à los dos R.R. P.P. que acompañavan àvm y à Dn Mariano el Provehedor, y despues de que adverti no producía vm cosa alguna, segunda vez nos dimos la mano, y medio piqué, no estando yo de mí parte para nada, o se medio piqué, porque no llevava Cipuela en el pie del lado del dolor. Si el Sentimiento de vm se originó porque no le ablé en los asumptos, ese mismo pudiera yo tener de vm (aunque no tanto) y con algun motivo mas, porque vm estava bueno, y yo enfermo; si porque havia recivido oficio de vm, tambien vm lo havia recivido mío del mismo Sargento mas Vicente, y me dijo que le contestara el suyo à Mexico; y no mencionó el mío. Si Vm sirve al Soverano, yo tambien le sirvo y he servido desde el año de 42, aunque nunca en grado de Te Coronel, y igualmente observó las Superiores ordenes del Sor. Exmo. Sor. Dn Juan con igual rigor que el Santo Tribunal. Vra, pido se jurgue esta mi causa.

N.S. que à

Vm m÷ a S.n Gabriel y Mayo tres de 1776 = & Itandº
de Rivera y Moncada = P. D. = Supp.co se sirva Vm noti=
ciar al S.r Ex.mo de esta mi desgracia para que no es=
trañe S. Ex.a la falta de mi Carta =

Oficio del Ther.te
Coronel

Señor D.n Fern.do de Rivera y Moncada

Muy S.r mío: A las seis y media de la tarde de este día, he
recivido la de Vm de estaª del mismo, que me entregó el Cavo Ca=
rrillo por la que quedo entendido del motivo que le acom=
paña para no dirigirme ninguna Carta pª S. Ex.a y de
imponer a este S.r del mismo (como me encarga en sus Rs
datas) lo que executaré con bastante sonrrojo mío, sin em=
bargo de que no soy Yo el que comete, tan reprocable he=
rror: pues al menos con el tiempo que he dado a Vm para
escrivirle (y mucho mas con lo que le embié à decir ayer
mañana con el Sargento Grijalva) no le faltava para
decirle lo propio que a Vm me encarga por medio de una
Carta.

No llevando ninguna pª S. Ex.a tampoco tengo
por conducente (al respecto de dho S. Ex.a y mi honor)
conducir una suelta que acompañava la mía pª el P.e
Guardian de S.n Fernando de Mexico que es adjunta.

Ntrõ Señor gue a Vm m.s a.s Ymmediaciones del
Rio de S.ta Ana y Mayo 3 de 1776 = S.ta Juan Bap.ta Ania

Oficio del Ther.te
Coronel

Muy S.r mío: En contestación del segundo Capítulo de
la de Vm de estaª de este día digo: que aunque no tengo
tantos años de servir al Rey como Vm me dice en
la misma: desde que tube el honor de comenzar la
Carrera propia; procuré el instruirme en lo mas co=
mun (como es devido à todo sirviente suyo) en cuya
inteligencia nunca he mezclado mis asumptos parti=
cular.

con los de Oficio; como v^m lo executa con sus años de ser
vicio, y experiencia; por lo q^e le diré en esta, que no es de Ofi
cio (y si para que la presente à ande quire) que si v^m por
no hechar fuego, à una de más tres Cartas de 29 del pasado,
en que le pido no se toque este asumpto; yo porque no se
interrumpiere m^a comunicación, en lo perteneciente
al Servicio, también escusé el entregarle mⁱ respuesta
à sus mistas de veinte y ocho de Marzo y dos de Abril del
presente año, las que havía hecho ánimo de quedarme con
ellas; pero ahora que dá ocasión se las incluyo, para q^e
de su Contenido infiera lo antecedentem^{te}. que están des
cubiertas sus maximas, las que confirman la pres^{te}
ocasión (que ya también se havía varxuntado) con
el hecho tan honrroso p^a v^m. como es no dirigirle
una Carta à s. Exª y solo acordarse de este sin igual
Superior y Gefe en el Reyno en una por data: cuyo
hecho igualmente acreditan los años y Experiencias de v^m tan decantadas como fallidas, por más
que comprehenda lo contrario.

No le será facil disculparse del hecho de m^{io} en
cuentro, en que también acreditó sus años de ser
vicio; que no sé como no han reflexado, que sien
do yo Oficial de mayor Grado, teniendo ya conclui
da la mas de mⁱ Comisión à que he sido embiado
pues ya en esta ocasión, hasta mⁱ dictamen havia
recibido; no bien haverle acavado de Saludar q^{do}
le picó à su Mula, (con espuela ò sin ella, que esto
no viene al Caso,) y marcharse v^m pretende que

Yo le ruegue, rompa, ó le detenga, despues de esta grave impolitica: por mas que Vm quiera atribuirla â efecto de su Enfermedad; no queda sino en la anterior que le es propria, y muy comun. He tenido el honor de haver ascendido, (no por el escalon de simple Soldado) y de comunicar con Oficiales de distinguidas ê Ilustres Clases; y así aunque de corto alcance, sé discernir el trato: de unos y otros: conque no es mucho q.e despues del lance referido, escusare concurrir con Vm p.a escusar los peores, en que sin duda Vm sería el perdido.

También me dice, que igualmente que yo observa las Superiores Ordenes aunque nunca en mi Grado, tomare Vm tiempo p.a decirlo: pues sí se oye â otros q.e no sea â Vm lo contrario se verificará; y por mí se dexará que he conocido y conozco desde que lehí sus Cartas citadas de Marzo y Abril, hubieran quedado frustradas las q.e le he conducido, y antes se le dirigieron p.a el importante Puerto, y Misiones de S.n Fran.co. sí Yo con mí inutilidad no hubiera apurado tanto por su efecto: quiera el Cielo que ya que bolteo la Espalda, no lo difiera p.a mas largo tiempo que él que me tiene inundado con el Espantajo de S.n Diego, quando los Yndios desarmados, ni dirección en ningun tiempo (â que tanto teme Vm) estan pidiendo la Paz que la incomparable Piedad de n.ro Soberano

252

se las ha concedido con menos instancias à otros, que
con mas conocimiento le han sido insistentes, y Apostatas à la Ygª y religion de quien se lisongea justamte
ser su mayor Defension.

N. S. que âvm mᵈ à Immediaciónes del Rio de
Stª Ana y Mayo 3 de 1776 ñ²ᵈᵃ Juan Bapᵗᵃ de Anza

Muy sr mio: El impolitico modo, con que se separó
Vm. de mi el dia 15, del actual, quando el mio apenas havia concluido las primeras palabras de
la buena crianza, y urbanidad pudiera serme motivo suficiente pª oviar toda comunicacion con
su propio proceder; pero estoi lexos d esto, quando en su desatencion heside yo el menos paciente, y si el servicio de su Magᵈ y superior ôrᵈ
de su Excmo Virrey: para cuias causas no omito el responder a su carta fhâ en el Presidio de
Sn Diego â 28, de Marzo ultimo anterior di-
rijidas a mi pr su sargᵗᵒ Gongora, ǧ marcha-
va para el efecto ina legua abanzada; pero antes de executarlo le dixe de paso, en obsequio
del Rᵉ servicio siradas ôrᵈ de su Excâ, y para
abatimiento de la vanagloria ǧ puede aver
tenido en su enunciada despedida, ǧ solo la
puede aver executado quien ignora el valor
del servicio del Rey, y subordinacion a sus Rᵉ
ôrᵈ y ǧ siendo menos en caracter d oficial
y otras circunstanᶜ presume desairar â otro
ǧ en lo propio le ecede en mucho; pero ǧ ai
ǧ admirarse de todo lo dho. quando ha sucedido
en un Pais, donde en cierto modo parece ha
querido practicar lo propio con el Rey de cielos
y tierra, y privarle los pocos cultos, y reveren-
as ǧ le rinden los hombres: como sucedio poco
hace mas de año en la Misón del Carmelo, donde

253

el citado sarg.to fue aquitarlo (con escandalo chri
-stianos nuevos, y viejos) la Guardia q̃ le hacian
en el Monum.to p.r obligac.n de soldados, costum-
bre antiquissima en todo Pais interior fronte-
rizo, y demostracion catholica: de cuio remarcable herror no ignorado p.r Vmd su Com.te
no se ha dado la satisfacion correspond.e lo
q̃ acredita no mandar aqui las reales ord.s
sino el capricho, y despotismo del q̃ goviernal
los hechos referidos assi lo acreditar, sus sobor-
dinados bien lo publican, y los ofic. de Marina
q̃ no ha mucho se fueron, y tuvieron la desgracia q̃ yo, de venir â contextar con Vm. segun
publica voz experimentaron lo propio, por
lo q̃ se atraso el servicio, como por la despedida
q̃ me hizo ami tambien sucedera lo mismo,
con lo q̃ ha sido ocioso no embiase aqui la superioridad; para expusiessemos n̄os dicta-
menes quando no hade prevalezer otro, q̃ el
suio, y q̃ es el q̃ unicam.te hade adelantar, y
conservar estos establecim.os como en efecto
bien se manifiesta en el dia.

El primer contenido de la ultima citada de Vm. como cumplim.to de carta amistosa, es escusada
su contextac.n en lo q̃ puram.te pertenece a oficio: cuias distinc. tengo practicadas con Vm.

Al segundo me dice Vm. q̃ en la mia de 13, de
Marzo a q̃ me contexta, le toco un fuerte asunto sobre el q̃, y por el q̃ se esmera en hazerme
honrras q̃ no merezco; pero como remata.
en confesar q̃ lo son puede dio, y añadio no
poco se me hace preciso aclarar aqui q̃ no
es assunto en q̃ le participase en ella q̃ con
dexдоро se huviese perdido algun establecim.to
de estos q̃ estan a su cargo, y con el su honor
q̃ son los unicos motivos porq̃ a todo oficial le

puede acahecer tales fatalidades; pexo fue tan
al contrario, q̃ mi prôpuesta hecha en ella, parece
q̃ debe lisongear a todos los q̃ con selo, actividad tenemos la honrra de servir al Rey, y contribui-
ra al adelante de la verdadera religion: pues se
reduce a suplicarle se verifique el establecim.to y
rebicacion del Presio q̃ debe guardar el Puerto d
S.n Fran.co en el supuesto de estar ya en Monterrey lo mas de la tropa q̃ viene a este efecto: par
ticular interesante ala Monarchîa, a todo este
Reyno y decoroso ala Nacion Española: y por tan
to me ôfrecô en dhã sitada a titulo a efectuar,
sin pedirle p.a ello q̃ dejase los assuntos q̃ estava
manejando en S. Diego, ni mas tropa, q̃ la indicada con la q̃ p.a mi hera sobrada, assi entendido, y mucho mas despues q̃ hecho el examen
y reconocim.to del mencionando Puerto Gentiles
q̃ le sircundan, y otras circunstancias reprodu-
jo a Vm. (tenga el efecto q̃ tuviere) el dictamen
q̃ sobre el particular le tenga espuesto confhã
de 12.,, del actual alq̃ no me ha contestado por
escrito, y escusado hacerle aun vervalm.te cuias pessimas resultas seran a solo el cargo d
Vm: pues por mi parte no he faltado a concurrir a todo lo concerniente a ello. Passando como
passe al examen referido, y haviendo sitado aVm
en mi ultima sitada (como teniamos acorda-
dado) para q̃ nos viessemos en S. Gabriel a
resolver este importantissimo particular q̃
el q̃ insto, e insta (ahora q̃ ha dejado Vm. a
S.n Diego) con mas eficacia q̃ antes exponi-
endole q̃ aun en el caso de q̃ le sea preciso
bolver a el, y reforsarse de alguna tropa mas
tengo por suficiente la mitad de la q̃ he con
ducido para efectuar tal establecim.to y si ū
pareciere q̃ esto no es mas de proponer

al aire, como yo siempre q.e se me destine à ha
cer este merito; pierde mi honra sino cumplo
lo q.e ofrezco: pues sentia lo contrario viniendo ia aqui el Superior Govierno, y sus sabias
providencias, adelantado los viveres, y otros
utiles con q.e auxilian el proiecto: seria proceder sin él, faltando à la confianza q.e de mi
se ha hecho, y hazerme acreedor à ser responsable de todos los gastos q.e se han erogado p.a
hazerlo asequible.

Con lo d.ho anterior tambien satisfago al
tercer capitulo de la citada de Vm.

En el quarto se refiere la posdata d dha
citada mia en q.e le doi la noticia de la resolucion de los R.R. P.P. destinados a las Miss.es del
P.to de S.n Fran.co y mi sentir sobre ella, lo q.e executo con el fin q.e indico a Vm: pues no dudo
q.e seria, y sera penoso p.a su Exc.a su regreso
à Mexico quando oi estaria creiendo q.e ya estan
en Possession de su destino: y se puede escusar
este sentim.to como tambien los gastos q.e hazian
otros, en venir, y lo q.e es mas, el atraso de la
combersion de Gentiles p.r q.e tanto annela
la incomparable Piedad del Rey y de su Ex.a

Al quinto digo q.e repito lo mismo q.e expongo al
principio del segundo capitulo de esta: pues no
le he dado noticia en desdoro suio; y antes si, me
parecio le complaceria en mi propuesta; pero
vista le hizo no estar gente todo el dia, y à la
fuerza del crecido desconsuelo de verse sin talento,
consejo, ni a quien consultar si, solo la corta
experiencia, luz, y conocimiento de vn mal
soldado: a tales expresiones dira, q.e quien
no haia visto el origen de q.e se derivan; pen
sara q.e produce Vm. algun asunto inau
dito, è imposible: pero estan al contrario

como ya tengo antes expuesto, y tan facil de
practicarlo q̃ con ser q̃ yo no me reconozco,
con la experiencia q̃ Vmd me indica, me
ofrezco a verificarlo, sin temer q̃ en ello me
pierda, creiendo q̃ no soi tan enemigo de mi
propio q̃ solicite ocaciones en q̃ lo consiga, y
si merito, y ventajas en la carrera q̃ tengo el
honor de servir.

Y supuesto de lo q̃ me responde Vm. en su sex
to Capitulo digo, q̃ en parte es conforme
a lo q̃ tratamos en la primera vista en
S.n Gabriel, y en el supuesto de q̃ aun q̃ yo hu
viera querido seguir inmediatam.te con mi
expedicion p.a Monterey, no hera conse
guible, en el estado en q̃ venian todos sus ga
nados, y faltando los auxilios (q̃ anticipa
damente) havia pedido a Vmd: como tambien
por el actual t.po de lluvias q̃ me informo
Vm. impedirian mi transito, junto con las creci
entes de los Rios, y q̃ Vm. no hera posible por
lo acaecido en S.n Diego q̃ concurriesse. a la exa
m.n del P.to de S.n Fran.co para q̃ acordassemos
su Possesion, como se nos ordena. Todo lo dho
passo antes de mi dictamen q̃ di a Vm. q̃ en
efecto fue de q̃ viendome precisado a demorarme
de todos modos en S.n Gabriel p.a poder seguir ade
lante passassemos a S.n Diego (sin interesarlos
salvar las cavallerias de la expedicion) a soli
citar el castigo de los revelados, q̃ consiguien
dolo en poco t.po, nos regresariamos ambos
para terminar nra comission, y de no, yo
solo, q̃ es constante no fui mas de para un
mes. Me ofreci a las salidas q̃ se hizieron con
tra dhos rebeldes, y con este intento salimos

y llegamos â s.n Diego: tomé dia.s las declaracio=
nes q.e le convinieron, y de ellas resulto q.e resolviendo
primera valida contra los rebeldes lo q.e es vergu=
enza decirlo, un sarg.to q.e prefirio a dos Capitanes,
y estos con la tropa q.e debe reputarse mas vete=
rana (como lo tiene declarado su Mag.d en mi
nueva R.l instruccion de Pressidios internos) se
quedaron â cuidar del Quartel, y cavallada.
Passé por esto creyendo saldriamos otra ocã.
y nunca me lo propuso, sino fue alguna vez
anteponiendo la escasez de cavallerias, quando
en la realidad no la havia total: pues en mulas
bien se podia haver montado la tropa q.e le fal=
tassen cavallos. Y haviendonos puesto dos ca=
pitanes con quarenta Soldados sobre los re=
zelar que no se huviera adelantado; en uno de
dias q.e les causa temor panico el relincho, ô re=
buzno de un cavallo, ô mula; pero de esta for=
malidad no se acordó la experiencia de Vm: y
solo si, de q.e repitiesse el Sarg.to la tercera vez,
lo q.e no quize ni a mi persuasion ni a su recon=
vencion por no atrasar mas el servicio: como
por q.e me persuadi naceria lo d.ho de ignorancia
del lo q.e no havia passado de lo contrario, y aun
no la tiene Vm para disponer sobre la q.e la
dictado su desacierto las q.e no hemos conferido por
negarse â ello, como esta expuesto al princip.
de esta.
          Resueltas por Vm. las salidas del Sarg.to
case yo de salir de S.n Diego, para proseguir
mi comission por lo a mi tocante: conveni=
mos en q.e quedasse toda mi expedicion en S.n
Diego, y S.n Gabriel, R.l q.e prosiguiesse auxili=
ando a Vm: q.e me acompañasse el Then.te Mo
raga al examen de S.n Fran.co y si en tacan=
to concluya Vm. feliz.te el asunto de S.n Diego

subiria Vm. con toda mi expedicion hta encon
trarnos en S. Luis para q.° q. yo abriesse cami
no de el en derechura p.ª la Sonora; y q.° de no
avudase al Vm.d de mi regresso à S.n Gabriel p.ª q.°
conferiessemos sobre lo q.° yo examinara, p.ª lle
vase noticia de todo a su Ex.ª aq.n hta este punto,
assi se lo tenemos expuesto: en cuia ocas.n (sino
se lo olvidado Vm.) le dire q.° no expuriesse
ad.ho S.or Exc.mo se dilataria mucho la ocupa
cion de lo pretecido P.to por q.° le seria sensible.

Passado lo d.ho, y remitidos n.ras cartas, è in
formes ocurrio la nov.d de no poder subsistir mi
expedicion en S.n Gabriel; y acordamos subie
se yo à Monterrey con la mas: en cuia ocasion
y mi propartida de S.n Diego me confirio Vm. sus
facultades p.ª q.to quisiese disponer en cuia vir
tud, he usado de ellas con el maior agradecim.to
Encontre en S.n Gabriel la noticia de la Decerci
on del soldado, y sirvientes, como de q.° havia
hido à seguirlos el Then.te Moraga: lo parti ci
pe todo à Vm. y providencia lo q.° me parecio
convenir. Sali de S.n Gabriel, llegue à Monterrey
remiti à Vm. de el, los soldados q.° me encarga
va: le di aviso del regreso del Then.e Moraga,
y destino q.° les dava à los Decertores q.° apre
so. Viendome en d.ho Pres. con lo mas de la
tropa destinada à S.n Fran.co y con desseo ter
minar su destino, hize à Vm. mi desgraciada
propuesta suplicatoria de 13. de Marzo, ya
indicada y esta es la q.° privo à Vm. de ser Ge
fe todo un dia, lo q.° sospretendio, y atendio no po
co: assimesmo confiessa Vm. q.° no hallo razon en
mis cortos alcances para tales sucessos: pues
es por las facultades q.° trahigo, y la razon ya

259

expuesta de tropa en Monterrey con lo mã de la
tropa pª aquel destino q ya variava de lo q ylti-
mamente teniamos expuesto a su Exª justa
y debidamtẽ la hize â Vm. considerandolo refor
-zado en sus operaciones, con q en esto no falta
como me quiere Vm. arguir en el dezimo Capitulo de la suia, a lo q haviamos assentado ambos,
ni a lo informado a su Exª quien como tan acti-
vo en el Rl servicio es regularissimo me hicie-
sse cargo de el ptõ q no solicite la execucion de su
ordẽn gdo ya la maior porcion de los soldados q
las deben hacer verificativas se hallavan a la
Puerta; teniendo en su Thentẽ quien los dirija en ausiencia de Vmd con lo q ya nada faltava, sino su total resolucion q ha sido la q solicitado pr mi parte.

Vea Vmd aqui si en consideracion de lo dho
no havia de dar a Vm. distinto dictamen, como
lo hare raritas ocasiones, q to varien las circun-
tancias; pero sprẽ procurare separarme lo
menos q pueda del espiritu de las superiores
ordẽs y mucho mas en las q son terminantes,
como para mi lo es la presente de q tratamos,
y por lo tanto me confirmo pr mi parte q nada debe retardarse, y cumplirse q to antes agra
dable: cuia execucion y no otros motivos, que
parece quiere Vm. suponer, y me pregta en su
enunciado Capitulo 10,, es el q me ha movido
y mueve a lo q le escrivi en la mia de 13,, del
passado con q contexto a todo el.

Si esta solicitud ha causado a Vm tanta novd
â inquietud; como me manifiesta en su carta
a q contexto: pues todo es aspirar pasar pr ella,
q juicio quiere Vm. q haga, sino confirmarme
en la noticia costtẽ y muy comun de q por supar
-te nos establecera el fuerte y Misiõ de Sn Saõr
hagase assi; pero vale q oficial, y soldados q vienen â este efecto ya lo han solicitado pr mi

conducto; por mas q Vm lo sienta, y atribuya esto
como me significa en su posdata, a desgracia suia,
y desamparo estando ya los dhōs en Monterrey, y haviendo proporcion como la hay, en todos assuntos
p.ª verificarlo, y teniendo ya mi dictamen p.ª lo
propio Vm. responderá a su Ex.ª del retardo, como tambien de otros particulares q quedaron no
bien evacuados, por haverse escusado aq nos viessemos, y esto q tenia Vm. orn de executar, y q
haviamos quedado acordes, no haviendo motivo para lo contrario; (pues el ynico q hay es el
de mi enunciada propuesta favorable al R. servicio, y solo contraria a las maximas de Vm.) no
es faltar a lo convenido, y proceder á una mudanza tan estraña de n.ªa correspondiencia
q queda todo esto escandalizado.

A los capitulos 11, y 13, no tengo mas q decir q
era ocioso remitir a Vm. cavallos de mi expedic.
con correos: pues en tal caso y para el numero
q apetece mejor servirian los q el Theñe en Mon-
ga regresso del seguim.to de los Desertores.

En q.to a lo q Vmd me dice en el 12, sobre la noticia q dio dho oficial del Indio d. S.n Diego q vio en
la sierra (acomodele a Vm. ó no) solo dize q el autor
es fidedigno, tiene honrra, y si es preso la dha fue,
por q un soldado de Vm. dixo conocia al Indio.

Y en puesto del 15, y 16, digo q doi a Vm. las gracias, no dudando la obtenga del propio modo de su
Ex.ª por la negativa de escolta, viveres, y bestias
hecha por Vm. al venerable Padre Garzes mi
dependiente: pues sus riesgos, y afanes, no se de-
dican al servicio de ambas Mag. ni al bien de
las conquistas espiritual, y temporal; no se como piensa Vm. sobre este Religioso; pues no
ignora q de orn y con permiso de su Ex.ª viaja
en estas regiones, y con todo no aprueba Vm.
el q le ayan acompañado Guias de otras Naciones
estrañas q ya juzga le vienen hazer la Guerra:
por cierto q si este pensar tuvieran todos los

oficiales q̃ sirven al Rey en tales destinos, como este mantendrian a los infelices Indios en sus continuas guerras assunto repugnante a la naturaleza, y a la Piedad, con q̃ los mira N̄ro. Catholico Monarca, y su Sapientissimo Govierno, y Leyes: no son para temer tanto los Indios de todas estas partes: y no es como la esperiencia tan decantada d V.m. no ha conocido q̃ sinos y en cuidadosos, almirarlos, q̃ tratarlos cobran mas espiritu del q̃ tienen por naturaleza.

Con lo q̃ V.m. me espone en el Capitulo 17, cuidare de q̃ no vengan los Yumas á hazer la guerra a los vezinos: en cuia Nacion, supuesto q̃ puede importar al servicio, entrara V.m. en los meses de Maio á Junio, y de Noviembre á Diziembre q̃ los granos V.m. quiera de Trigo en los dos meses primeros, y Maiz y frixol en los segundos, q̃ se puede adquirir por abaloxios, o ropas ordinarias, sin ser menester la maior Escolta, y esto ultimo prevengo a V.m. sin perjuicio d su esperiencia.

En q̃to V.m. me dize en el 18, respondo q̃ sin embargo de lo q̃ tenemos representado a su Exā no convengo estando ya en Monterrey lo mas de la Tropa q̃ debe ocupar el Puerto de S.n Fran.co en q̃ se espera su resolucion sino q̃ q.to antes se verifique. V.m. pr. si resuelva lo contrario, y responda solo, que a mi sobre d.ho particular no me resta q̃ dezir mas de q̃ le reproduzgo el dictamen q̃ le tengo dado, y admitido por su Sarg.to Gongora quien delante de testigos me afianzo entrego a V.m. las cartas en q̃ se incluía. El oficial S.r

Tropa q~ por mi conducto â pedido a V.m. la
ocupación de su legitimo destino, se â porta-
do en ello con el ardor q~ el Rey quiere tenga
todo lo q~ le sirve: no tiene V.m. q~ sentirse
por su petición, ni pretender (como me
dize en su posdata) de q~ no le quieren aiu-
dar estos descuidados: se hallan ya en Monterrey, y lexos de aonde pueden estar a su
lado, si efectivam.te se les necessitasse lo huviera pedido antes de salir de S.n Gabriel
pero no aviendo sucedido assi, y estando
preciosos en Monterrey; q~ estraña V.m. fi-
dar lo q~ les corresponde; pero como esto
no coincide con su modo de discurrir, no lo
aprueba: y temo q~ de ello les resulte algo
disgustos; para lo q~ advierto a V.m. q~ antes
de esta ya corria la voz de q~ mirava con
horror, y alguna embidia esta Tropa q~
su destino y ventajas, q~ le franqueo su Ex.a
Cuide V.m. de no ponerle cabe en q~ tropiece
por q~ no le ha de ser facil desacreditarla, ni
menos a su oficial q~ en qualquier lance
no solo lo ha de juzgar V.m. ni viendo senten-
cia, y como al interes de S.n Diego por el primero de distinta clace, y pese q~ el segundo; y pues q~ por mi conducto han echo su honrrosa
y debida solicitud; hagame a mi como principal author, mas fuego q~ q.to alcanza â
hazer la Polvora, cañones q~ tiene a su
mando, q~ yo me sabre defender, y a la enunciada, mandale V.m. no solo accion asequibles
sino dificiles, y temerarias, q~ yo aseguro q~
tendra mas facilidad en practicarlas q~ V.m.
el destinarlos â ella.
Alos demas contenidos X dha sitadas

con q concluye Vm no tengo q contextar, y yo lo hace con por ultimo diciendo q si en oficio no me expresa Vm en caso de q me embie à alcanzar, ò alcanze con algunas cartas p.ª su Ex.ª en su assunto darle parte de su resolución

En vista de mi dictamen de 12 del actual (sea el q fuere) no las conduzgo. pero verificandose como insinuo, llevare qualquiera otras, y contribuire a todo q.to coadiuve à este objeto, y demas en q se interese el R.l servicio, y adelante à estos establecim.tos q.e tanto necesita pidiendome por escrito = N.ro S.r gu.e a V.m m.s a.s Miss.n de S.n Luis y ta S.ta R.ssa = Abril 20 de 1776, V.a Juan Bap.ta

S.r D. Fernando de Rivera y Moncada =

S.n Diego y Mayo veinte y cuatro de mil Set.s Set.ta y seis. Los dos Oficios penultimos del testimonio fechos en S.ta Ana en tres de Mayo, son en respuesta del mio, que le despaché de S.n Gabriel fuera al Camino con la misma fecha tres de Mayo; este no solo tubo en respuesta los dos ya dichos, sino tambien la resulta de los dos fechos en la de S.n Luis en veinte de Abril, que son como cita el Th.e Coronel D.n Juan Bap.ta de Anza en vno de los dos penultimos, en respuesta de los mios fechos en este Presidio en veinte y ocho de Marzo y dos de Abril, que por no haverlos recivido en su tiempo y ahorrar confusión se pusieron vltimos en el testimonio.

Me han causado tal verguenza que ni combeni ente me pareció fiarlos à que los trasladara otra mano por lo que van de la m.ª. No creo haya havido Cap.n en los Exxtos tan desgraciado à quien su Coronel lo reprehendiese con tanta aspereza; ni q

con mayor lo hubiera executado con migo D.n Juan
Bap.ta aun en el caso que viniera mandado de mi Juez
Pesquisidor; y que encontrara las Cosas en estos esta
blecimientos todas que estubieran con las Cavezas en
donde devieran tener los Pies. De que eso no es así se
deja ver en Carta de S.e Ex.a fha en Quince de Diz.e de
sett.e y Cuatro, que me entregó el mimo D.n Juan Bap,
y dice así: "vajo el mando y ordenes de vno ha de estar
"la dotacion señalada de este Puerto, desde el punto
a la custodia
"mimo que el Cap.n D.n Juan Bap.ta de Ansa llegue a
"ese Presidio y haga entrego de ella a V.m. vien enten
"dido, que el proprio Cap.n ha de asistir tambien a el re-
"conocim.to del Rio de S.n Fran.co p.a poderme informar
"de lo que haya visto, y regresarse por el mimo Ca-
"mino con los diez soldados que lleva escogidos de
"su Presidio, a demas de los que quedan señalados. De
que se puede inferir, que previendo y precaviendo
el C.mo S.or Virrey lo mimo que ha succedido, dispuso lo
que queda dicho, y con todo esto no se ha escusado.
Consta de mi Oficio de Abril veinte y dos, haverle
informado por menor de la enfermedad y dolor q.
padecia quando nos encontramos, que en vno de
los tres mios en S.n Gabriel de Abril veinte y nueve
que le ofrezco satisfaccion, sirviendose decirme, qual
deva dar; igualmente consta en otro Oficio mio
en S.n Gabriel y mayo vno; que admirandome su
grande sentimiento, dijo, que si falté en algo aqui
se pudiera haver compuesto, y que libre de eso ahi
(ra:

su merced à S.Cª. en tan varios asumptos como se le
ofreceran; porque creo, no habra quien con gusto oigi
referir discordias. Assimismo le digo en el citado, que
con un Enfermo se dispensa. Si yo me hallara graven
culpado que mas pudiera ofrecerle, à este Cavallero.
Y quanto menos deviera el haver hecho no recono-
ciendo culpa en mi. Pero aun asi se negó à la satisfac
cion, que le ofreci, como se vé en su respuesta, apeteci-
endo sola la que por disposicion del S. Cxmo se le pueda
dar, y dirigiendo en la ocasion presente al Cxmo. S. or
Virrey el testimonio de sus oficios, y mios esperando
hallar en S. Cxª. la Justicia que me prometo; digo lo
primero: que en quanto à lo que me imputa de
impolitico y desatento, de todo esto, que vé à mi mi
ma Persona, no recivo agravio, ni sentimiento;
por ser cierto que la honra es de quien la hace; pero
lo recivo muy grande en lo que dice, estar descubiertas mis maximas, que no comprehendo quales
sean: y pasando à uno de los fechos en S. Luis, en q
despues de otras cosas por Capitulos me vá respondi-
endo, digo à lo prim. que el hecho del Sarg.to Gongora
executado en el Carmelo en tiempo de Semana
Santa, lo executó en mi ausencia, hallandome
en la Mision de S.n Luis, y por carta del mismo
Sarg.to que a mi regreso encontré en el Camino llegado que fui al Presidio, presente Gongora, hice
llamar al Guarda Almacen D.n Juan Soler, y à los
dos Cavos de Guardia, Juan Josef Robles, y Hexme
negildo Sal; delante de quienes àfeé el hecho, y re-

prehendí seriamente â Gongora, pues no para otro asum
to, sino para ese mismo los hice llamar, lo que podian
en todo tiempo declarar: y luego en la misma mula, q.
aun no le havian quitado la silla monté, y me fuy al
Carmelo; en donde manifesté mi grande sentimiento
al R.P. Presidente. Me dijo S.R. que conmigo todo era
facil componerse; me leyó una declaración que havia
dado el Cavo de la Escolta Marcelino Brabo, y haviendo
dho â S.R. que reñí y reprehendí al Sargento, no haviendo experimentado que S.R. me hubiese escrito
ni que alli verbalmente me pidiese satisfacción siendo quien me parece, podia hacer las veces de parte,
no procedí â mas, pareciendome havia cumplido
con mi Oficio.

Sobre el primer Capítulo no ay nada q. decir.
Y al segundo digo, que consta en Posdata del mio de
Abril veinte y dos que ofrezco darle en Sn Gabriel devida Respuesta â la que me entregó Gongora, lo exe-
cuté en dha Mision, con fha veinte y nueve del mismo Abril, en la que le cito la misma fha del suyo
doce del dicho que reduciendose en sustancia al Su-
ente y Misiones de Sn Franco le digo, aunque no tan
estendido por la falta de escriviente, que su Merced
no padecia, que desde Monterrey me resolví â que
el The Dn Josef Joachin Moraga con el Sargento Gri-
jalba, veinte Soldados, los Pobladores, y cinco Mozos
se pasase al Puerto de Sn Franco le digo igualmente
que al tiempo de mi marcha no quedó en Sn Diego
concluido el Negocio de Indios, por lo q. fundandose

el fuerte, se suspenderían las dos Misiones por la razon,
que para que el th. se retirase de Monterrey hera nece
sario desase alli ocho soldados que suplieran, por tener
yo aqui quince de aquel Presidio. Que lugar queda pues
para quejarse de que no le he respondido â su Oficio de
doce de Abril. Como ni tampoco para acusarme me
he negado â concurrir en aquella Mision, los impor
tantes asumptos del R.l Servicio, quando es constan
te que con ingratitud, desaire â mí, y escandaloso
otros se me nego, sin que fuese posible conseguirlo,
aun ofreciéndole dar â su arbitrio la satisfacion,
por tal de que el Servicio no se atrasase, y aun asi
me quiere arguir de lo contrario. No puedo menos
que decir no alcanzo â atar estos Cavos, y tampoco
â comprehender donde vá â terminar este sentido,
bien que en Mexico no faltara quien comprehenda
lo que â mi me falta.

Consta en oficio mio en S.r Gabriel de Mayo
primero, que le digo ,, En asumpto â S.n Fran.co no ay
mas de lo dicho,,, En S.n Diego estan cinco pertene
cientes â aquel Puerto, iré, y los despacharé con
orn al Sargento de que se retiren â Monterrey, y
â Moraga la correspondiente paraque pasen â
S.n Fran.co en la forma misma que ya comuniqui
â V.m,,, Igualmente consta en otro mio fho en
la misma Mision Mayo primero en que le digo p.r
Varones de otro suyo, que enhorabuena se ponga
el fuerte en el parage que dice. A que biene pues
ahora que despues de acordado todo eso me diga

en suoficio todo lo que me dice. Tão ay duda, porque
aunque esta atrasada, consta que despues me lo em
bió, y si quisiera que no tubiera valimiento, lo sus
pendiera como pasado su tiempo. Se conoce la nin
guna Justicia que le asiste pues si la tubiere no se
viera precisado â valerse del conjunto de tan vari
as cosas para abultar; y de sus Varones se infiere la
diferencia en considerar de uno que entra para
en breve salir, â otro â cuyo cargo quedan las re
sultas, y el responder de todo. Si aquella parte de
tropa que estava en Monterrey, suplia los oficios
de los que yo tenia aqui deaquel Presidio, y para
que el Th.e se pueda retirar â S.n Fran.co es necesario
que yo despache al Sargento con los demas que
se hallavan en S.n Gabriel y aqui, y despues de todo
aun deve alli dexar ocho el Th.e; se evidencia que
aun estando la Tropa en aquel Presidio contri
buian en darme socorro p.a las fatigas que aqui
eran precisas en orn â la pacificacion de S. Diego,
que procurava abreviar con este auxilio, para
poner quanto antes mano â lo de S. Fran.co hasta
para que en Mexico se haga la devida reflexion.

Al quinto Capitulo en mi Oficio tengo ya
dho lo que deviera en este, añadiendo solo lo difi
cil que se me hace, llegar â persuadirme, que los
R.R. P.P. despues de tanto esperar resolvieran rex
xarse en tiempo que vehian se les acercava su
destino, con la Tropa ya aqui, y q. si se diferia

269

vn tanto era confuso motivo.

Al sexto en parte, tengo ya respondido en el mio fecho en S.n Diego en dos de Abril. El Sargento que dice, prefirió à dos Capitanes, y que es verguenza decirlo, fue con orn de vno, y con consentimiento del otro, que en su presencia se le dió la orn en la misma noche de su marcha, la que dificultandose pudiera hacerse con vn solo Cavallo cada Soldado, respecto à lo muy flacos, y trabajados que estavan los pocos q.e havia; haviendo insinuado el Sargento si p.a aliviarse lle varian Mulas; resolvi que nó, por la razon que entonces di: que andando en la pastoria Yeguas pari das al instante que separaran de ellas las Mulas, seria todo vn Rebuzno, que es contrario al silen cio que se requiere para apresar los Indios. Si entonces el th.te Coronel hubiera sido de Dictamen, que la Tropa podia marchar en Mulas, como lo es ahora, porque quando me lo oyó, no me contra dijo. Que me alegré del oportuno socorro en el apu ro que me encontró, no ay la menor duda; tam poco la puede haver, que el no haver salido el th.te Coronel y yó fue por falta de Cavallos: prueba de ello es que en la segunda salida que el Sarg.to hizo, dió cuenta que no subieron à la sierra Cua tro soldados, porque haviendosele cansado à dos los Cavallos, le precisó à dexar otros dos que les acompañaran. Está cha la genuina é ingenua verdad de lo que sucedió: pero conseguida ya m

presa de los principales actores del Rebelión, y pacificada
la tierra, viendo el poco tiempo, y el modo en que se
ha conseguido sin muerte alguna ni destrozo de Gen
tiles permitaseme decir, que concivo un noseque, al
pensar lo que pudiéra haver sucedido, si se hubiéra
verificado salir los dos Capitánes con cuarenta hom
bres. A los Capitulos once y trece, en que dice, era
ocioso Veintiúne Cavallos desu Expedición con
Correos; pues en tal Caso y parael numero que
yo apetecia, mejor servirían, los que el Th. Mora
ga Regresó del Regimiento delos Desertores. Respon
do que consta por carta del mismo Th. ftha en S.n
Gabriel dos de Marzo que regresado dela dilig.a tha,
se le quedaron cansadas cuatro Bestias, y tres que
le mataron los Indios, condos mas, que perdieron
los Desertores son nueve; y que à su arrivo à dha
Misión encontró Carta orin del Th. Corion en que
le dice: sino le fuere gravoso conducir à los dhos
hasta su alcance, lo haga, y deno los entrege al
Sargento dandome parte àmi. concluye, que
los entregó al Sargento por no poderlos pasar
adelante por lafalta de Bestias. Delo dho consi
deré el quegustare que Bestias podrían ser de
las que yo me socorriera con las que Regresó el
expresado Th. y podríayó hallarme, en el Dia
rio se vé.

Al Capitulo catorce digo; sea ò nó cierto que
en aquella parte vieron al Indio de S.n Diego es

constante en todo este Presidio, que en el actual estado de estos Indios, hasta el dia de la ffha no se ha verificado hacerles vna Campaña en aquellos parages, y no será lo que alude aquel parentesis, en que encierra el Th. Coronel estas Palabras: (acomodele á Vm., ô no); despues ya dicho, no se como atar estos Cavos.

Al quince y diez y seis, en que me dá las graas, y no duda que me las dara tambien S. Cxa. por la negativa de Escolta, Vivéres, y Bestias, hecha al venerable P. Garces su Dependiente: respondo con lo que digo en mi Oficio al mismo Th. Coronel, que supuesto no dilataria su merced escriví al otro P.e le aguardase, y confiriese esos asumptos, y si le encontrase, que le diera el Bastimento q.e quitara de lo que subriera la Escolta. Haviendo yo concurrido con otro P. en S. Gabriel, me pidio vn Cavallo p.a su Indio, dige al Sarg.to Grisalva se lo entregase á su M.a. Dijome otro P.e que supuesto que el Presidio no tenia Vastimento, y la Mision se lo dava, que se le pagara de cuenta de el Rey á la Mision: respondí á S. M. que no tenia orn del S. Cxmo. sobre el particular; que le escriviera S. M. á D.n Juan Bautista que me pasara vn oficio, y seguram.te se pagaría; Asi luego devia hacerse, y que no falté en cosa alguna, quanto menos haviéndo dho despues al M. P. Paterna que aunque no se pasase el Oficio se le pagaría el Bastimento â la Mision. Que cosa con m.r.

acierto le pudiera haver escrito, siendo su depen
diente, que el que le esperara, y confixiera sus
asumptos? con vnos ô dos de Escolta no podia yo ares
gar a dho P. por las razones que en respuesta por
Carta le di, à la que me remito. Siendo su Depend.re
savia muy bien los trasiegos del P. pues como
lo dejo en el Rio colorado, y sin Escolta, pasandose
con tanta Tropa p.ª acá? Despues de eso, y de no
haverle esperado dicho P. como le escriví, vienede
mostrando, no le agrada, que yo no se la diese
hallandome como me hallava en tantos apuros.
Casi al mismo tenor es lo del Bastimento que se
halla à la fha este Presidio sin nada, y no parece ponderacion, pues no tiene ni medio Alm.
de Maiz. Los puntos que restan, como respues
tas de mis Oficios me remito à ellos. Sin embargo
apuntaré algo sobre lo que me dice de la Tropa,
que ha conducido; de su Oficial, y del de este Pre
sidio. Haviendo estado en Monterrey man
dé señalar cinco hembras de los Cerdos, que
estavan en Parroquía, otras le entregó à vna
familia de aquel Presidio que aun no se le havia
dado, como à las demas Familias, y los restantes
todos dige al Th. los repartiese à los de S. Fran.
La misma tarde que me marché p.ª acá di ôñ
al Th. les mandara matar à los de Monterrey
vn Toro del Ganado que alli pertenece; y à los
de S. Fran. vn Novillo, ô Toro del Ganado de aquel

Puerto. Consta en mis Oficios, lo que a su favor traté
con el Th.e Coronel de Ganado, Berrias, y aun del parage
para su Establecim.to en otro Puerto; y en Carta, lo que
escribí al S.or Ex.mo del Th.; Que fe[e] le puede dar à lo que
expone el Th.e Coronel? ni que lugar tiene la Embidia? la
misma sustancia tienen estos dichos que los otros. El
S.or Ex.mo nos mandó à los dos en distintas ocasiones, y
ambos hemos mostrado nuestro empeño en satis
facer à S. Ex.a. Del Th. de acá èxpuse solo mi parecer à
otro S.or Ex.mo p.a librarme de aquella parte que pude tener
en su Empleo, por no haver propuesto yo en Mexico
en su contra, y fue porque me hice cargo cumpliría
mis Ordenes como las havía satisfecho en Californias
en el tiempo que sirvió de Sargento, y haviendo expe
rimentado, que en dos ocasiones havia faltado à ellas
aqui, quise eximirme de aquel miramiento.

En punto à los oficiales de Guerra vengo à la
vez por D.n Juan Bap.ta; el atraso del R.l servicio, se
gun dice; todos se despidieron en paz, como consta al
S. Ex.mo de sus Oficios por el Diario; sin embargo Ves
ponderé si algo resultare.

Y à lo que dice: mando despoticamente, no
creo lo hará menos en su Presidio de Tubac, y q.e
no procederan de otra manera en otros Presidios
sus Capitanes; y aunque por el genio escusara lo
posible de mandar, por el trabajo que consigo trae
confieso, que sin dispensa acostumbro usar de efica
cia por tener à todas horas, y siempre presente
se han confiado a mi cuidado estos Establecim.tos
tan distantes del Recurso, y que si yo fuera facil en
todos los acontecimientos à decir sí, y conform.e

con todo, considerando dacio todo, por tierra, me hace eficáz, y no ofrezco, otra emmienda, mientras este sobre mi la Carga.

Pasando como ahora se executa, estos papeles á V.E. sup.^{co} rendidam.^{te}, no culpe mi tardanza; que deseando por los Autos quanto antes despacharlos, me ha sido inescusable la dilación, por indispuesto de la Caveza, y algo accidentado, con tan exceido motivo como el th.^e coronel me ha dado: quisiera extenderme mas, el tiempo no me da lugar; por lo que me obligo á executarlo, vien sea desde aqui ó en Mexico: esto vltimo es lo que mas deseo: En Oficio mio fho en S.ⁿ Grab.^l el tres de Mayo, digo al mizmo th.^e Cor.^l que con igu al rigor que el S.^{to} Tribunal vsa, pido se juzgue esta mi Causa; no desisto de esto mismo, parexiendome tan leve, que ni merece ese nombre; pero vso de la palabra Causa; porque me precisa á esplicarme de alguna manera. Espero me atienda V.E. con justicia, suplicándo se sirva V.E. siendo de su superi or agrado pasar estos papeles al Sor Auditor de la Guerra, y que V.E. disponga de mi como en mis cartas con repetición tengo pedido. = Entre renglones = y diligenti = desgracia = de el = a la Custodia = p.^a tratar = enmendado = contestacion = vale =—

Exmo Señor

Fern.^{do} de Riv.^a y
Moncada

Despues de sacado este testimonio, se hallo q.^{no} &.^a

a via travajado yn oficio del then.e Coronel fecho
en S.n Luis 20 d Abril correspond.te a la segunda
foxa del num.o 43, y el q. sigue. =

Oficio del th.e Cor.l

Muy S.r mio: En contestación de la Carta mista de Vm de 28. del
pasado ultimo, digo a su primer Contenido, que yo no le
propuse en la m.a de 20. de Febrero que me represaria a
ninguno de los Sirvientes de mi Expedición que desertaron,
y apresó el th.e Moraga, para que me diga: los otros
dos hará Vm bien de llevarselos, no suceda que repitan
a los cinco destino si no se han justificado a los Trabajos
del Fuerte de S.n Fran.co, hasta nueva resolución de S. Ex.a y
de la m.a no desisto por ningún motivo: pues seria hacerme acrehedór a un severo Castigo.

Al seg.do digo, que como es de mi obligación informaré a S. Ex.a el estado en que dejo estos Establecim.tos
con que cumpliré igualmente el encargue de Vm.

Doy a Vm repetidas gracias por el favorable
concepto que le merezco en tercer Capítulo, bien que
conozco no llegan en mucho a lo que se sirve honrar
me; y que si he practicado algun asumpto de utilidad
no ha sido obra mia si execución de las prudentes re
soluciones de n.a Superioridad, quien solo ha errado
en ponerme a mi de executor de ellas.

Al quarto Digo: que aunque si sentí no corres
pondiese Vm a mi Confianza en haverle manifestado lo que escrivía a S. Ex.a como era regular entre
dos que lo hacen de un propio asumpto, y corren con
buena Armonía no fue tanto que por esta falta
pasara a Cosa mayor, ni apresumir ayga Vm
expuesto cosa contraria: pero con todo, y el poco

276

y el poco favor que se hace de su modo de escrivir, que no para adelante de borrones y verdades: a que tambien se reducen los mios; hubiera no obstante celebrado esta correspondencia.

El quinto me impone de los motivos que tubo para no responderme à la que le dexé en S.n Gabriel de regreso de mi primer viage: en cuyo particular solo me queda que sentir, no ocupase mi inutilidad en Mexico para donde suplicava à Vm me respondiese: cuyo asumpto principal en ella insinuado bien consta à Vm le hera mas interesante que à mi, el que haviendose verificado no obstante se lo agradezco.

Y qual expresion que merecio à Vm por ultimo desucitada, reciva Vm de mi afecto y sacrifique me en su servicio seguro de que le complacere en quanto valga, y pueda.

N.S. que à Vm m.a Mission de S.n Luis y Abril 20. de 1776. B.l.m. de Vm su m.r seg.or serv.or = Juan Bap.ta de Anza = S.r D.n Fern.do de Rivera y Moncada =

INDEX

King of Spain (See Carlos III)

-L-

Loreto – 37
López (Soldier) – 11

-M-

Mariano, Don – 117
Martyr – 27
Mexico (City) – 17, 51, 57, 79, 87, 117, 121,
    131, 133, 139, 141
Mares – 133
Mariñas, José Ignacio (Mule Packer) – 13
Monterey (Presidio) – 3, 5, 11, 13, 17, 19, 27,
    31, 37, 47, 55, 59, 61-69, 75, 79-83, 89, 97-
    103, 131, 133, 137, 139
Moraga, José Joaquín (Lieutenant) – 7, 11, 13,
    19, 23, 27, 37, 45, 49, 61-65, 79, 89, 97,
    101, 103, 113, 131, 135
Mule Packers – 11, 13, 23, 93, 115
Mule String (See Pack String)
Mules – 7, 19, 37, 43, 61,75, 89, 103, 115, 125;
    farm mules, 19, 43; mule bitten by a
    rattlesnake, 115; pack mules, 7, 13, 37, 89,
    103; riding mules, – 61, 75, 115, 125

-O-

Ortega, José Francisco de (Lieutenant) – 39, 79,
    87,

-P-

Pack Outfits – 115
Pack String – 11-13, 37
Packing Cloth – 13
Pascual (Soldier- possibly Pascual Bailón
    Rivera) – 75
Paterna, Antonio (Reverend Father) – 15, 137
Peña, Gerardo (Soldier) – 23
Pigs – 137
Pima Indian (See Indians, Pima)
Portazuelo – 77

-R-

Rafael (Christian Indian) – 101
Rattlesnake – 115

Rebels (See Uprising, San Diego)
Reverend Fathers – 15, 57, 75, 117, 133, 137
Rivera, Pasqual Bailón (Soldier) – 99, 107,
    possibly 75
Robbery – 23, 93
Robles, Juan José (Corporal of the Guard) –
    111, 129
Rosario – 141
Royal Service (Military) – 53, 63, 65, 69, 71,
    93, 131, 139

-S-

Saddle Mounts – 5, 7, 13, 19, 33-37, 59, 61,
    65, 83, 89, 93, 115, 117, 129, 135, 151,
    152
Sal, Hermenegildo (Corporal of the Guard) –
    129
San Andrés Canyon – 43, 45
San Buenaventura – 83
San Carlos Pass – 3, 9
San Diego – 23, 27, 29, 33, 35, 41, 43, 53-61,
    65-69, 73, 75, 79, 81, 97, 101-105, 115,
    117, 125, 127, 131-135; mission, 35; port,
    97, 131; presidio, 29, 33, 53, 115
San Francisco – 5, 7, 17, 19, 21, 23, 31, 33,
    39, 41, 43, 49, 55-67, 71, 79, 81, 83, 87,
    95, 97, 103, 105, 111, 115, 125, 127, 131,
    133, 139; fort, 23, 49, 65, 103, 131;
    missions, 21, 23, 31, 39, 65, 125, 131;
    port, 17, 19, 31, 41, 55-59, 67, 71, 79, 81,
    87, 95, 105, 111, 115; river, 5, 7, 95, 127;
    town, 83
San Gabriel (Mission) – 5, 7, 15, 23, 29, 33,
    37, 43, 47, 51, 57-63, 67, 71-77, 81-87,
    91-95, 99, 103, 107, 109, 113, 115, 119,
    127
San José (Valley) – 11
San Juan Capistrano (Mission) – 35, 39
San Luis Obispo (Mission) – 37, 51, 61, 69,
    71, 81, 127, 129
San Pedro Regalado – 45
Santa Ana River – 33, 121, 125, 127
Santa Clara – 83
Scribe (See Escribano)
Serra, Junípero (Father President) – 35, 129